동물보건의료기기학

동물보건 의료기기학

김옥진 · 유광수 · 이현아 · 정연수 · 함희진 공저

동문사

머리말

본 교재 '동물보건의료기기학'은 실험과 분석 및 동물병원 진료에서 흔히 사용되는 장비와 실습기기들에 대한 사용법 및 작용 원리 등에 대하여 알기 쉽게 지식을 전달하고자 작성되었다. 본 교재를 통하여 실험실과 동물병원에서 사용되는 기구와 장비들에 대한 기초 지식을 습득하고 이론과 실기를 병행하여 향후 졸업 후 진로에 대한 기초적인 지식을 함양할 수 있는 교과서를 만들고자 하였다.

본 교재를 통하여 습득한 전공 지식이 실험실 장비 사용에 있어서 안전성의 확보와 기구나 장비의 사용에 있어서 능숙한 기술을 배양하고, 각종 검사의 원리 및 사용법을 이해하며 더 나아가서는 장비에서 나온 결과들의 해석 능력 또한 배양할 수 있기를 바라는 마음이다.

현대 사회에서 급속히 발전하는 진단검사 장비의 이해는 원리를 아는 것도 중요하지만 대부분 해석 능력에도 많은 변화가 이루어지는 점을 생각할 때 과거로부터의 진단 장비 및 방법 해석을 기초로 하는 것이므로 저자들은 이런 점을 고려하여 '실험기기학' 학습 교재를 만들고자 한다.

실험기기 실습, 동물병원 진단 장비의 실습, 분자생물학 실습으로 세분하여 교재가 준비되고 각각에 맞는 내용이 알차게 채워지고 실습이 충분히 이루어질 수 있는 장비가 준비된다면 가장 바람직한 교과목이 될 것으로 생각되지만, 현실적으로 대학의 교과목 개설에 제한점이 있고 방대한 내용을 담기에는 개설되어야 할 교과들의 수가 너무도 많고 장비의 사용에 있어서 너무도 고가인 점이 안타깝게도 이들 교과목에 대한 충분한 실습이 이루어지기 어려운 점이 현실이다.

이들을 통합하여 강의할 수 있는 실험실습 과목을 개설하여 교습하는 상황에서 이에 맞는 실험장비의 구입이나 네트워크의 개발이 절실한 상황이었다.

이에 저자들은 기존 '동물실험기기학'과 '실험기기학개론', '실험기기 이론과 실제' 교재를 집필한 바 있으나 내용이 방대하고 시간에 쫓기어 만족할 만한 내용을 담지 못하였음을 아쉽게 생각하던 차에 이번 '동물보건의료기기학' 교재를 새로이 집필 출간하여 부족하였던 내용을 보완하고 더욱 완성도 높은 교재를 저술하고자 하였다.

본 교재의 완성을 위하여 인용 및 발췌를 허락하여 주신 여러 선배님들에게 또한 감사드린다.

본 교재가 동물보건 및 의료 관련 실험과 실습을 수행하는 학생들에게 방향을 제시하여 줄 수 있으면 하는 바람으로 이 글을 맺을까 한다.

2025년

지은이 일동

차 례

CHAPTER 05 임상병리검사용 기기 사용법 75

CHAPTER 06 분자생물학적 기법 143

Chapter

01

기초 실험 도구 종류 및 사용법

Chapter 01

기초 실험 도구 종류 및 사용법

1. 초자기구의 종류 및 용도

1) 사용 목적

초자(硝子)란 석영, 탄산 소다, 석회암을 섞어 높은 온도에서 녹인 다음 급히 냉각하여 만든 물질. 즉, 유리를 의미한다. 초자기구는 주로 액체나 기체의 부피를 정밀하게 측정하는 데 사용된다.

실험실이나 임상에서 사용하는 초자기구는 여러 가지가 있으며, 이들 초자기구의 정밀성은 실험결과에 미치는 영향이 크다. 또한, 그 종류나 용도를 알아두는 것이 중요하다.

최근 들어서는 이들 초자기구가 1회용 플라스틱 제제로 많이 시판되고 있어서 재사용 시 해야 하는 멸균이나 소독이 없어서 사용이 간편해 지기도 하였다.

2) 종류

(1) 시험관(Test tube)

① Microcentrifuge tube: 1.5 ml 용

② Conical tube: 15 ml 용, 50 ml 용

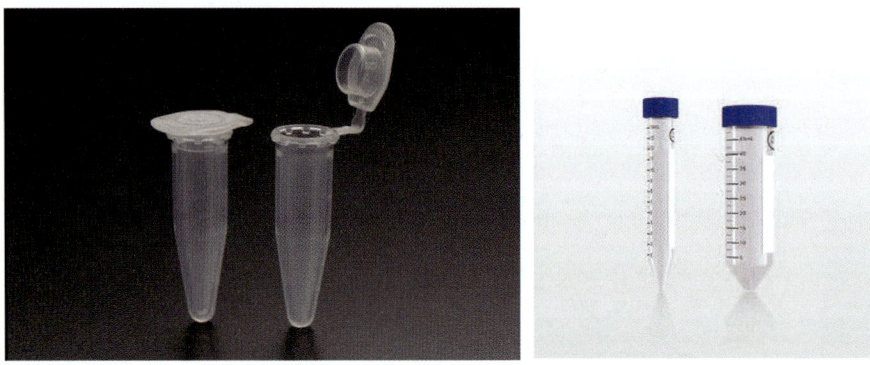

그림 1-1 1.5 ml(좌), 15 ml, 50ml(우)

출처: (좌) https://www.ispl.co.kr (우) https://www.welgene.com

(2) 플라스크(Flask)

화학실험에서 화학반응, 종류, 용량측정, 표준액의 조제 및 분석 등에 사용된다.

① 삼각 플라스크(Erlenmeyer Flask): 주로 적정, 혼합, 조제에 사용된다.

② 둥근 플라스크(Round Bottom Flask): 가열에 의한 증류용으로 사용한다.

③ 평저 플라스크(Flat Bottom Flask): 가열에 약하므로 주로 발열을 하지 않는 반응에 이용된다.

④ 여과용 플라스크(Filtering Flask): 흡입 여과용으로 사용한다.

⑤ 부피 플라스크(Volumetric Flask): 시약, 표준액 제조, 희석 등 정확성이 요구되는 시약을 제조할 때 사용한다.

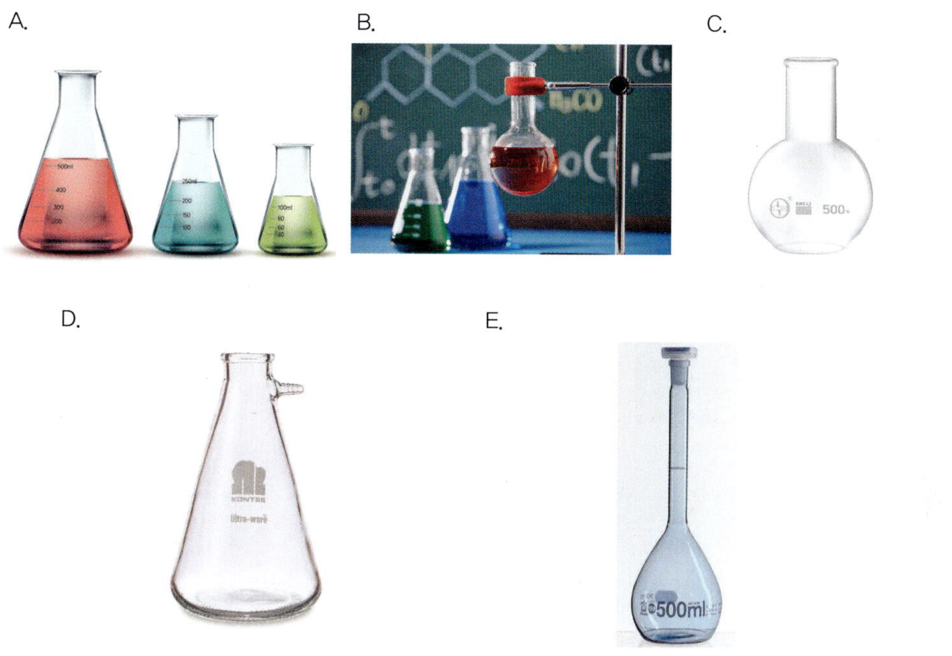

그림 1-2 다양한 플라스크(A. 삼각플라스크; B. 둥근 플라스크; C. 평저 플라스크; D. 여과용 플라스크; E. 부피 플라스크)

출처: D. https://shsigma.co.kr; E. https://www.allforlab.com

(3) 피펫(Pipette)

① 용량 Pipette(Volumetric Pipettes): pipette 중간 부분에 팽대부가 있고, 용량을 나타내는 눈금은 팽대부 위에 하나의 눈금으로 표시되어 있다. 시료의 채취 및 표준액을 취할 때 사용하며, 정확한 양을 옮길 수 있다.

② Serological(Measuring) Pipettes: 원통형의 가늘고 긴 관으로 용량의 눈금이 비교적 끝까지 그어져 있으며 가장 많이 사용된다.

③ Pasteur Pipettes: 눈금 표시가 없는 유리 대롱의 모양으로 피펫 끝 부분이 가늘고, 1~2 ml 정도의 대략적인 양을 옮길 때 사용되며 윗부분에는 고무캡을 연결하여 사용할 수 있다. 주로 수정란이나 난자, 정자 등을 배지에 옮길 때 사용한다.

④ Micro Pipettes: 정량분석을 위한 소량을 옮기는 데 이용되는 피펫이며, 유리로 된 좁은 관의 중앙에 잘록한 곳이 있어 0.01 ml, 0.1 ml, 0.2 ml, 1 ml용으로 나뉜다.

A. B. C.

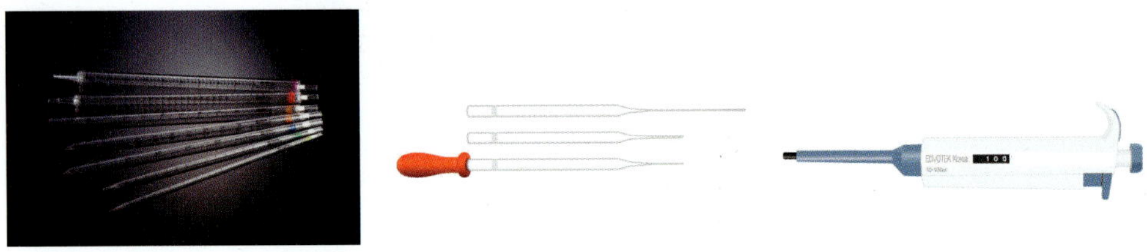

Serological(Measuring) Pipettes

그림 1-3 다양한 피펫

(A: Serological(Measuring) Pipettes, B: Pasteur pipette, C: Micro Pipette)

출처: A. https://www.spllifesciences.com

(4) 메스실린더(measuring[graduated] Cylinder)

메스실린더는 액체의 부피를 측정하는 도구로 비교적 정확도가 낮은 편이며, 기울여서 붓는 형태로 액체를 옮기기 때문에 정확도는 크게 필요로 하지 않는 용액의 채취시 사용한다.

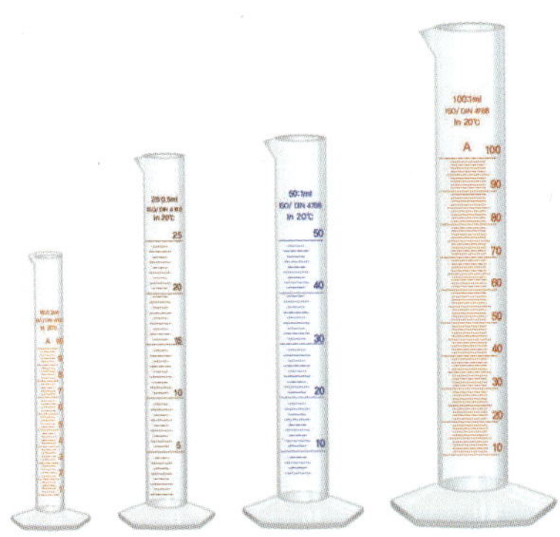

그림 1-4 메스실린더

(5) 뷰렛(Buret)

용액을 떨어뜨려 용액의 부피를 측정하는 실험기구로 눈금이 그려진 유리 또는 플라스틱으로 되어 있는 가늘고 긴 기구로 용량은 10 ml~100 ml 사이의 다양한 용량으로 제작이 된다.

뷰렛은 용액의 부피 측정, 적정 실험, 일정량을 정확히 넣고자 할 때 주로 사용되며, 뷰렛의 종류는 체적 뷰렛, 디지털 뷰렛 등이 있다.

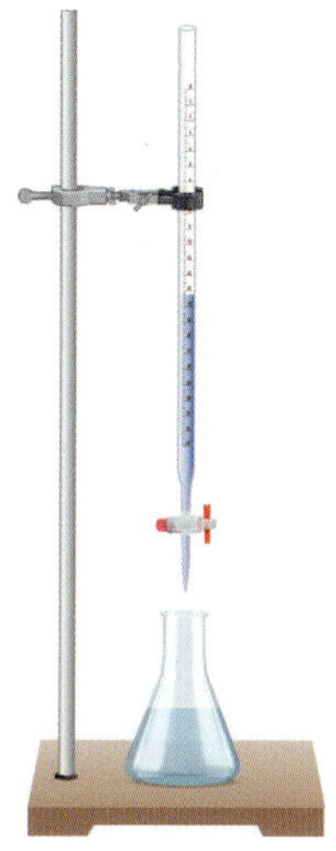

그림 1-5 뷰렛

(6) 비커(Beaker)

비커(Beaker)는 주로 화학 약품을 다루는 실험실에서 쓰이는 초자기구인 실험 기구이다.

비커는 주로 원통 모양에 바닥면 지름의 대략 1.4배에 해당하는 높이를 가지고 있지만 경우에 따라서는 높이가 더 높은 형태도 존재하며, 비커의 위쪽 부분은 용액을 따르기 쉽게 작은 주둥이가 있는 것도 특징이다.

용량은 다양해서 1 mL, 3 mL 정도의 초미량부터 250 mL, 300 mL 정도의 기본 용량과 1,000 mL, 내지는 10,000 mL 정도의 크기까지 다양한 크기를 갖는다.

그림 1-6 비커

(7) 깔때기(Funnel)

① **깔때기**(Bunsen funnel): 보통 각도가 60도로 일반적으로 화학실험이나 분석에 이용된다.

② **분액깔때기**(Separating funnel): 추출 분액용으로 사용된다. 뇨 중의 ketosteroid 추출에 이용된다.

③ **주름진 깔때기**(Ribbed funnel): 깔때기 내면에 주름을 만들어 여과속도를 높인 것이다.

A.

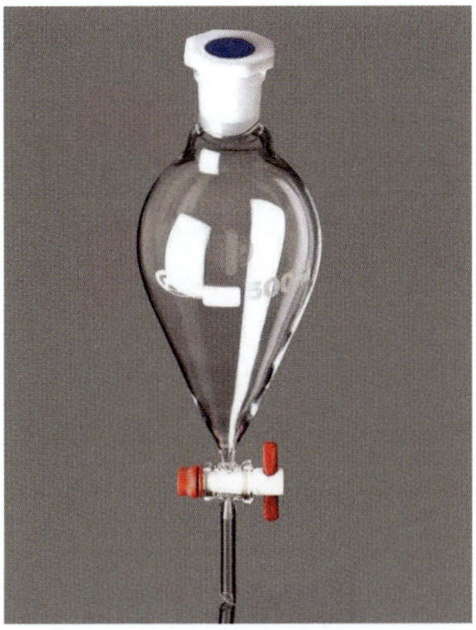

B.

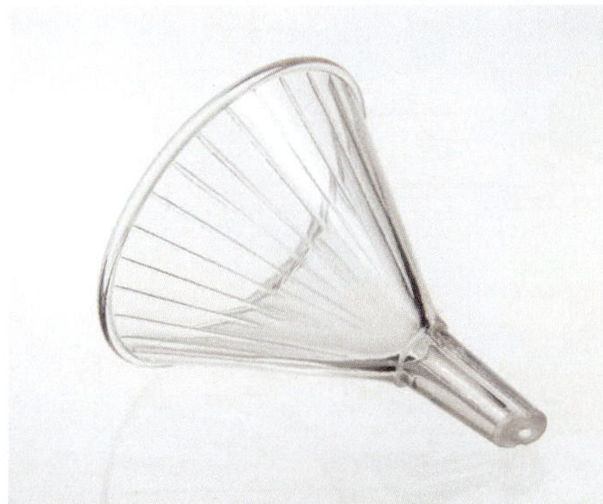

그림 1-7 깔때기(A. 분액 깔때기; B. 주름진 깔때기)

출처: A. https://glasscolabs.in; B. https://www.pccarx.com

(8) 냉각기(Condenser)

발생된 증기를 냉각 응축시켜서 원래의 용기에 들어오게 하는 환류 냉각형과 별도의 용기에 취하는 증류 냉각형이 있다. 환류 냉각형은 일정한 농도에서 반응을 계속시키는 경우나 연속 추출의 목적에 이용하며, 증류 냉각형은 용매의 분류나 정제에 주로 이용된다.

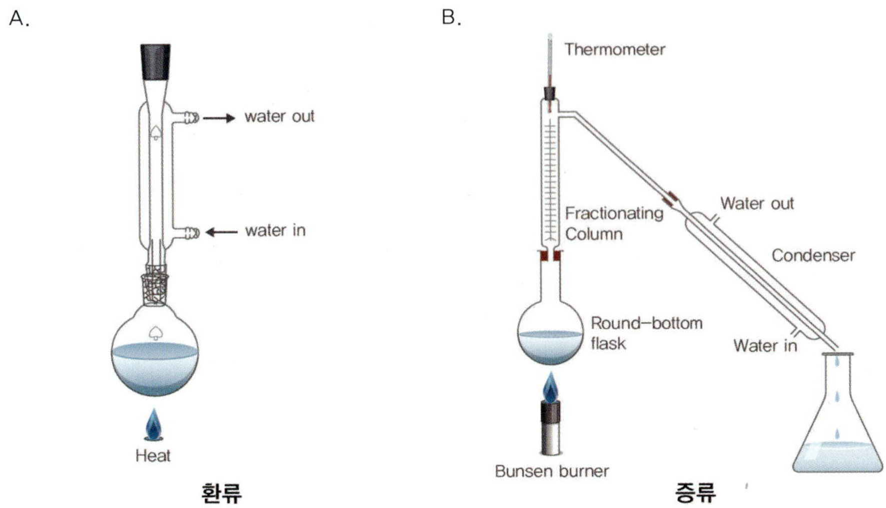

그림 1-8 환류형(A)과 증류형(B)

(9) 데시케이터(Desiccator)

데시케이터는 염화코발트 종이와 같은 습기에 민감한 약품, 시료 등의 품목을 보존하는 데 사용되는 실험되는 기구이다. 데시케이터 밑에는 건조제가 들어가 밀봉이 가능하며 일반적인 용도는 습기와 반응하는 화학 물질을 보호하는 것이다.

그림 1-9 데시케이터

출처: https://labcampus.com

2. 초자기구의 사용 방법

1) 용량 기구의 표시

- TD(To Deliver): 표시된 온도에서 취한 양을 다른 곳에 옮겼을 때 그 옮긴 양이 표시된 양 만큼이란 뜻이다.

2) 피펫(Pipette) 사용법

피펫을 입으로 하는 것은 감염의 위험성이 있기 때문에 피펫 필터나 피펫에이드 등을 사용하여 시료를 채취한다.

눈금을 읽는 방법은 피펫을 수직으로 유지하며, meniscus[1] 부분을 눈높이로 올리고 간격은 30cm를 유지한 다음 피펫 안의 액체 곡면의 가장 낮은 부분이 가리키는 눈금(예, 물) 또는 가장 높은 부분이 가리키는 눈금(예, 수은)을 읽는다.

그림 1-10 눈금 읽기

1) Meniscus: 액체가 용기(예: 플라스크, 눈금실린더, 뷰렛 등)의 벽면과 만날 때 생기는 곡면

3) 용량 플라스크 사용법

① 조제하고자 하는 시약을 저울로 정확히 측량한다.

② 용량 플라스크에 증류수를 1/3 정도 채운 뒤 시약을 첨가한 후 magnetic bar를 넣고 교반기 위에서 저으며 시약을 용해시킨다.

③ 용해가 완료되면 증류수를 첨가하여 목표 양의 눈금을 정확히 맞춘다.

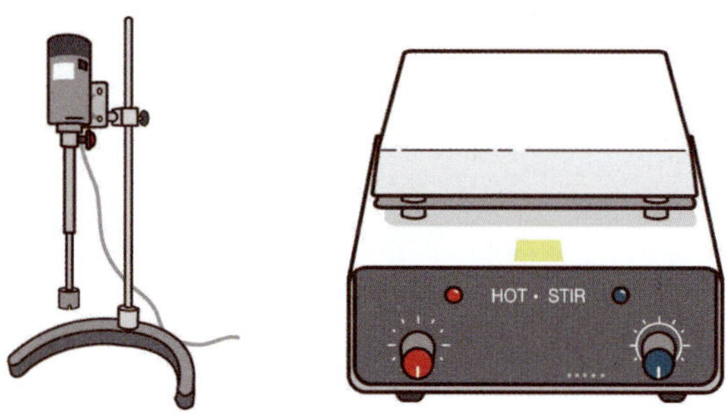

그림 1-11 용액의 혼합(좌: 호모제나이저, 우: 스터러)

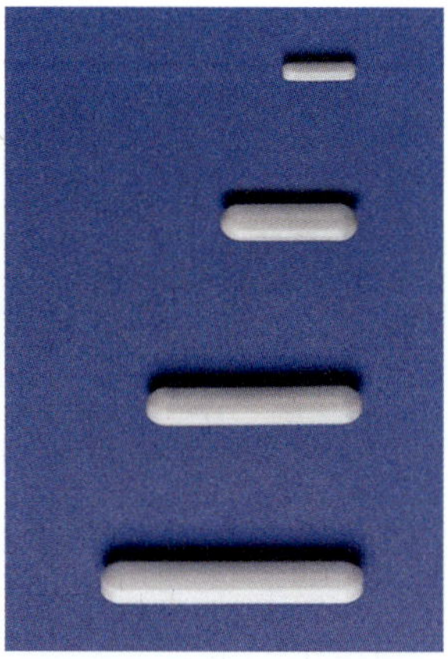

그림 1-12 Spinbar®(disposable magnetic stirring bar)

출처: https://www.sigmaaldrich.com

Chapter

02

용액과 농도

Chapter 02

용액과 농도

1. 용액과 농도

1) 용액(Solution)

(1) 용액의 종류

두 종류 또는 그 이상의 순물질이 섞여 있는 것을 혼합물이라 하고, 특히 설탕물과 같이 균일하게 섞이는 현상을 "용해"라 하며 이때 만들어진 균일 혼합물을 "용액"이라고 한다.

① **용질**(Solute): 녹는 물질

주로 고체로 표현되지만, 기체(예: 이산화탄소가 녹은 탄산수)나 액체(예: 알코올이 녹은 주류)도 용질이 될 수 있음

② **용매**(Solvent): 녹이는 물질, 순수한 액체

용질	+	용매	⇒	용해	⇒	용액
(소금)		(물)	→			(소금물)

제조된 용액은 용액의 용량에 대한 질량으로 표시하며 몇 가지 방법이 있다.

예를 들어 용액 1 L 안에 NaCl 5 g이 포함되어 있다면 5 g/L, 500 mg/dl, 5 mg/ml로 나타낸다.

(2) 포화용액(Saturated Solution)

어떤 온도에서 일정량의 용매에 용질이 최대한 녹아 있는 용액을 포화용액

(3) 불포화용액(Unsaturated Solution)

용질이 더 녹을 수 있는 상태의 용액

(4) 과포화 용액(Super Saturated Solution)

용매가 녹을 수 있는 한도 이상으로 용질이 녹아 있는 용액

(5) 표준용액(Standard Solution)

임상화학 정량 검사에 필수의 용액으로서 미지시료의 분석에 사용되고, 정확한 농도를 알고 있어서 미지시료의 농도를 아는데 대조구로써 사용된다.

2) 용액의 농도

(1) 퍼센트 용액(Percent Solution)

용액에 대한 용질의 질량 백분율

용액의 중량 또는 체적의 100에 대하여 용질의 중량 혹은 체적을 나타내는 것으로 3가지로 구분된다.

① 중량 / 용량 퍼센트 용액(W/V%: Weight in Volume percent solution)

100 ml의 용매에 녹아 있는 용질의 g 수를 말한다.

$$\text{퍼센트 농도(\%)} = \frac{\text{용질의 질량(g)}}{\text{용액(용매+용질)의 질량(g)}} \times 100$$

W/V % = 물질의 g 수/ 용매 100 ml × 100 ml

예 0.9% NaCl 용액 2 L 조제: 18 g을 측정하여 2 L의 플라스크에 증류수를 2/3 정도 넣고 용해시킨 뒤 증류수로 표선까지 채운다.

② 용량 퍼센트 용액(V/V%: Volume in Volume percent)

100 ml의 용매에 녹아 있는 용질의 ml 수로 나타낸 용액이다. 용매와 용질이 모두 액체일 때 이용되며 혼합 전의 용적비로 표시한다.

$$V/V\ \% = 물질의\ ml\ 수/\ 용매\ 100\ ml \times 100\ ml$$

예 70 % 에틸알코올 조제: 70 ml의 Ethyl alcohol과 물 30 ml을 혼합하면 70V/V % 알코올 용액이 된다.

③ **중량 퍼센트 용액**(W/W %: Weight in weight percent)

100 g의 용매에 녹아 있는 용질의 g수

$$W/W\ \% = 물질의\ g수/용매\ 100\ g \times 100g$$

예 10% -dextrose 용액조제: 10 g의 dextrose를 증류수를 가하여 용해 후 전량이 100 g 되게 하면 10 W/W % dextrose 용액이 된다.

(2) 몰농도(Molarity: M)

몰(mol)이란 분자, 원자의 개수를 세는 단위로, 1 mol의 분자는 6.02×10^{23}개이며, 6.02×10^{23}개의 분자, 원자의 분자량에 g을 붙인 것이다.

$$몰농도(M) = \frac{용질의\ 몰수(mol)}{용액의\ 부피(L,\ mL)}$$

용액 1 L 속에 포함된 용질의 mole수로 표시한 농도를 말하며 M으로 표시한다. 용질의 1 mole은 그 용질의 분자량에 'g'을 붙인 값을 말한다.

즉 용질의 분자량만큼 측량하여 증류수를 가하여 1 L가 되도록 하였을 때의 농도이다.

→ NaOH 40 g이 증류수 1 L에 녹아있다면 이것은 1 M 용액이다.

예 염산수용액 1 L에 염산이 18.23 g 포함되어 있다. 이때의 몰농도는?
염산 분자량 36.46 g/mol이므로 염산 0.5 mol 포함되어 있다.
염산 수용액의 몰농도는 0.5 mol/1L = 0.5 mol/L = 0.5 M

(3) 몰랄농도(중량 몰농도: m)

용매 1 kg당 용해되어 있는 용질의 mol 수

$$\text{몰랄 농도(m)} = \frac{\text{용질의 몰수(mol)}}{\text{용매의 질량(kg)}}$$

용매 1 kg 중에 녹아있는 용질의 g 분자량 수로 나타낸 용액이다.

몰랄농도의 단위는 소문자 m을 사용한다. 온도가 변하여도 농도는 변하지 않으므로 빙점하강, 비점상승, 삼투압 측정에 이용한다.

→ 설탕 1몰을 물 1 kg에 녹였으며 1몰랄 농도(m=m/kg)이다.

→ 소금 2몰을 물 5 kg에 녹였다면 2 M/5 kg이므로 0.4 m이란 것을 알 수 있다.

(4) 규정농도(Normality: N)

용액 1 L 속에 포함된 용질의 g 당량수를 표시한 농도를 노르말 농도라고 하며 N으로 표시한다.

노르말 농도는 산, 염기, 산화제, 그리고 환원제 등의 농도를 표시하는데 수소이온(H+) 1 mole을 낼 수 있는 산의 양을 산 1 g 당량이라 하며, 수산이온(OH−) 1mole을 낼 수 있는 염기의 양을 염기 1 g 당량이라고 한다. 즉 1N은 용질의 당량(g)만큼 측량하여 증류수로 용해하여 전량이 1L 되도록 한다.

예 0.1N−H_2SO_4 용액 1 L 조제하는 방법: 황산의 분자량은 98이며, 원자가는 2가이므로 황산의 1 g 당량은 49가 된다. 그러므로 황산 4.9 g을 정확히 취하여 증류수를 가하여 1 L 되도록 한다.

3) 용액 조제시 유의점

(1) 증류수(Distilled water)

실험할 때 증류수는 중요한 비중을 차지한다. 모든 분석에는 시약의 조제, 묽힘, 세척 등에 많은 양의 물을 사용하게 되는데 이와 같은 증류수에 불순물이 섞여 있다면 상당한 실험오차를 가져오게 된다.

증류수에는 일반증류수와 이온교환수지를 통과시켜 만든 탈염수(Demine ralized water)가 있다.

새로 만들어진 증류수는 대략 pH가 6.6~6.8 정도이나 오래 방치하면 공기 중의 탄산가스나 먼지 등이 들어가 pH 5.7 정도까지 떨어지게 되므로 가열을 하여 용해된 탄산가스를 날려 보내어 쓰는 것이 좋은 방법이다.

(2) 조제시 유의점

① 시약 사용농도의 종류를 명확히 확인하여 %농도, 규정농도 그리고 몰농도 등을 알맞게 조제한다. 또한, 필요시 MSDS(Safety Data Sheet)를 참고한다.

② 오래된 고체 시약은 수분과 탄산가스 등을 흡수하여 그 순도가 변할 수 있으며, 액체시약은 이외에도 증발 농축되어 실험에 영향을 미칠 수 있으므로 유의하여야 한다.

③ 황산이나 수산화나트륨을 묽힐 때는 많은 열이 나므로 주의하여야 한다.
묽은 황산을 만들 때에는 필요한 양의 물에 황산을 조금씩 가하고 서서히 저어주면서 식혀 만들어야 하며, 수산화나트륨은 조해성이 크고 탄산가스를 잘 흡수하므로 될 수 있는 한 빠른 시간에 측량 접시를 사용하여 무게를 달아야 한다.

2. 검체 및 용액의 희석방법

시료 중의 성분이 분석방법상 한계 이상의 농도를 다량 존재할 때는 측정에 필요한 농도로 희석하여 측정에 사용된다.

희석법에는 계열희석법과 고도 희석법이 있다.

계열희석법은 동일 시료를 희석단계의 수만큼 시험관을 준비하여 같은 양의 희석액을 넣고 시료를 첫 시험관에 가하여 연속적으로 희석하는 방법이다.

고도희석법은 원시료 1에 대하여 최종액량의 비로 표시하며, 희석배수는 최종액량에 대한 원시료의 체적의 비로 나타낸다.

- 희석 배수 = 최종 용액 부피 / 원시료 부피

예 0.5 ml의 혈청에 9.5 ml의 증류수를 가하였다면 희석배수는 얼마인가?

▶ 희석배수 = (0.5 ml + 9.5 ml)/0.5 ml =20

3. 시약 취급시 유의사항

① 시약은 가능하면 클린벤치나 후드가 장착된 곳에서 조제하도록 하며, 유기용매나 냄새가 많이 나는 시약 또는 부식성을 사용할 때는 반드시 보호장구를 착용한 후 다루도록 한다.

② 항상 실험복을 착용하여 옷이나 피부 등을 보호토록 한다.

③ 고압가스를 사용할 때는 가스용기를 조심스럽게 다루도록 한다.

④ 독성이 높거나 위험한 시약은 시약병을 완전히 밀봉한 후 한 번 더 확인하여야 한다.

⑤ 유독성이나 부식성이 큰 액체 시약은 피펫을 사용하여 직접 흡입하는 대신 자동 피펫이나 디스펜서를 사용하도록 한다.

Chapter

03

멸균과 소독

Chapter 03

멸균과 소독

1. 소독법

소독(disinfection)은 질병을 일으키는 미생물을 신체의 외부에서 파괴시키는 것을 말하며 이것은 주로 화학약품에 의해서 이루어지는데 소독이 결핵균이나 비활동성 간염바이러스 및 장바이러스는 파괴하나 박테리아성 아포를 파괴하지 못하는 대신에 멸균(sterilization)은 모든 종류의 미생물을 완전히 파괴하는 점이 다르다.

각종 기구 및 물품은 먼저 소독 또는 멸균하기 전에 멸균을 꼭 하여야 하는 물품, 보통 소독법 이상의 방법으로 소독하여야 하는 물품 또는 약하게 소독하여도 되는 물품 등으로 분류하고 그에 따라서 적절한 방법을 선택하는 것이 효과적이다.

1) 물품의 종류에 따른 소독 또는 멸균법의 결정

❙ 약한 소독으로도 사용할 수 있는 물품류

점막이나 상처 등과는 접촉하지 않고 손상이 없는 피부에만 접촉되는 물품들이 이 기준에 해당된다.

① 실험동물 케이지 등이 이 기준에 해당된다.

② 약한 소독제를 사용한다.

2) 보통 소독 이상의 소독법이 필요한 물품 및 소독법

이 기준에 해당되는 물품은 점막이나 피부와 접촉하는 기구로서 세균의 아포를 제외한 모든 미생물이 없는 상태로 환자에게 사용되어야 하며 소독법에는 강한 소독법과 보통 소독법의 두 종류가 있다.

(1) 강한 소독법

호흡기구, 마취기구 등이 이 기준에 해당된다. 강한 소독제나, wet pasteurization 및 화학멸균제 등이 사용되는데 흔히 2% glutaraldehyde(Wydex)를 많이 사용하고 있다. 소독제로 소독한 뒤에는 남아 있는 약제로 인한 자극을 피하기 위해서 멸균증류수로 씻어야 한다.

(2) 보통 소독법

온도계 등이 이 기준에 해당된다. 염소나 phenol 및 iodophor 등의 소독제를 사용하며 대부분의 세균과 곰팡이를 불활성화시키지만 세균의 아포에는 효과가 없다.

(3) 멸균이 필요한 물품 및 멸균법

이 기준에 해당되는 물품은 조직이나 혈관과 직접 접촉하기 때문에 어떤 종류의 미생물에 의한 오염도 허용되지 않으므로 반드시 멸균을 하여야 한다.

2. 멸균법 및 장비

1) 물리적 멸균법

열이나 증기 또는 전기적 에너지를 이용하여 모든 종류의 미생물을 완전히 죽이는 방법으로서 일반적인 기구, 방포 및 물품 등을 소독할 때 흔히 이용한다.

(1) 끓임소독법(boiling sterilization)

얼마 전까지도 소독기의 구입이나 활용이 쉽지 않은 곳에서는 가열과 가습에 견딜 수 있는 물품의 소독에 많이 이용하였으나 근래에는 많이 이용하지 않는 편이다. 소독할 물품이 깨끗한 물속에 완전히 잠기게 한 다음 끓는 물 속에 약 30분간 담근 다음에 사용한다.

(2) 고압증기멸균법(steam sterilization)

고압증기는 습기와 높은 열을 가하여 모든 미생물을 파괴하는 특성이 있으므로 높은 압력하에서 포화된 증기를 이용하는 고압증기멸균법은 가장 안전한 방법이며 외과적 위생재료 및 용액, 일반적인 기구 및 물품들을 소독할 때 많이 이용된다.

미생물은 세포 내 효소단백질의 응고와 변형의 과정을 통해서 파괴되는데 건열

(dry heat)보다는 습열(wet heat)을 가할 때 더 많이 파괴된다. 일반적으로 고압증기멸균기는 15 psi(pounds per square inch)의 압력과 121℃(250℉)에서 15~20분간 작동되도록 조절하는 것이 효과적이다.

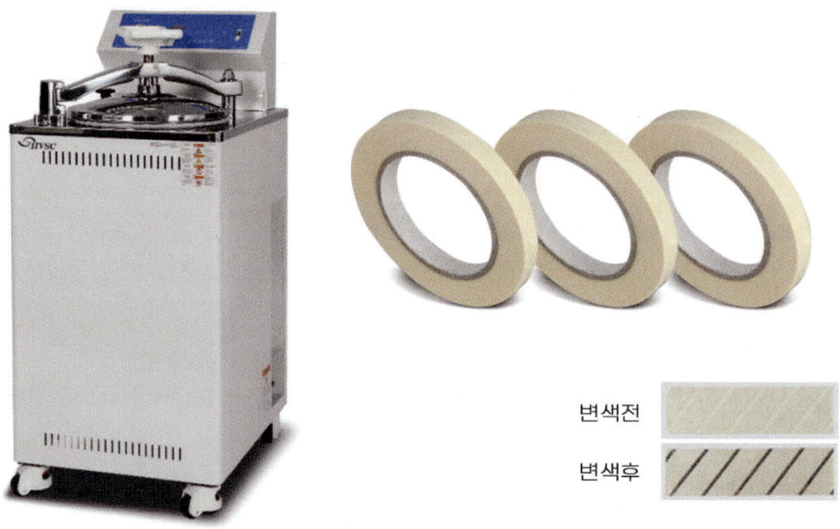

그림 3-1 고압증기 멸균기(좌)와 멸균확인 테이프(우)

출처: (좌) https://atozlab.co.kr; (우) https://bnfkorea.net

(3) 자외선소독(ultraviolet radiation)

자외선은 전자기의 낮은 에너지형태로 미생물의 세포를 파괴하는데 소독용 자외선은 보통 254 nm 파장에서 빛의 95%가량을 방출하는 낮은 압력의 수은증기밸브에서 생성된다. 소독용 자외선은 폴리에틸렌 병, 실내공기 및 표면의 미생물을 멸균시킬 목적으로 주로 사용되며 230~280 nm의 파장에서 최적의 살균효과를 나타낸다.

자외선 소독시간은 자외선 불빛의 강도와 자외선 방출지점으로부터의 거리에 따라서 다르고 또한 자외선은 일반적으로 불투명한 물질을 침투하지 못하므로 소독효과를 얻기 위해서는 자외선이 반드시 미생물에 직접 노출되어야 하며 포장된 물품이나 울퉁불퉁한 모양의 의료용품 소독에는 비효과적이다.

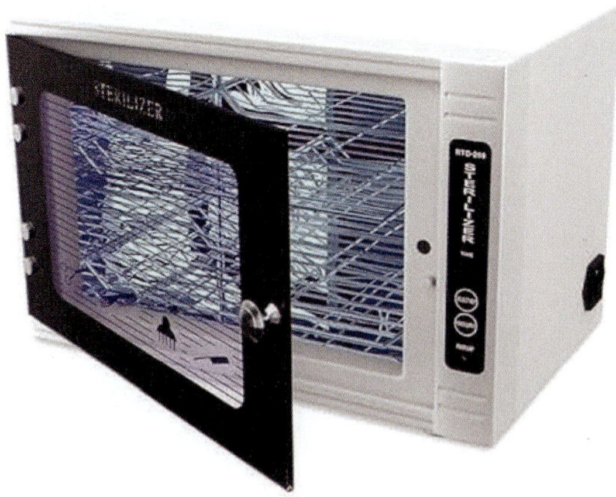

그림 3-2 **자외선 소독기**

출처: https://www.amazon.com

2) 화학적 멸균법

일반적인 수술기구나 물품 등은 물리적 멸균법으로도 소독이 가능하나 어떤 기구나 물품들은 열소독을 할 수 없으므로 특수한 소독제를 사용하여야 하는 경우가 있다.

즉 기관튜브나 기관절개관, 비인두 및 구인두기도유지기, 흡인카테터, 굴곡성 후두경(flexible fiberoptic laryngoscope) 및 내시경 등은 열소독이 불가능하므로 저온에서도 멸균이 가능한 가스 화학 소독법이나 액체화학소독법을 이용하여야 한다.

EO(ethylene oxide) 가스멸균법

근래에는 섬세하고 세밀한 수술기구, 각종 플라스틱 및 고무제품, 각종 카테터 및 내시경 등 열에 약하고 습기에 예민한 기구들을 사용하는 기회가 점점 많아져 이들 제품의 소독법에 관해서 관심이 높아지고 있는 실정이며 이러한 성질을 지니고 있는 제품의 소독법으로서 근래에 많은 각광을 받고 있는 것이 EO 가스멸균법이다.

① EO가스의 물리적 특성

EO가스는 박테리아의 세포벽을 침투하여 세포의 번식을 억제하거나 또는 화학적으로 방해하여 파괴시키는데 실온에서 색깔이 없고 ether와 비슷한 냄새를 가지고 있으며 액체 상태로서 보관하기 쉬우나 폭발성이 강하고 공기 중에서 인화성이 매우 높은 성질을 지니고 있다.

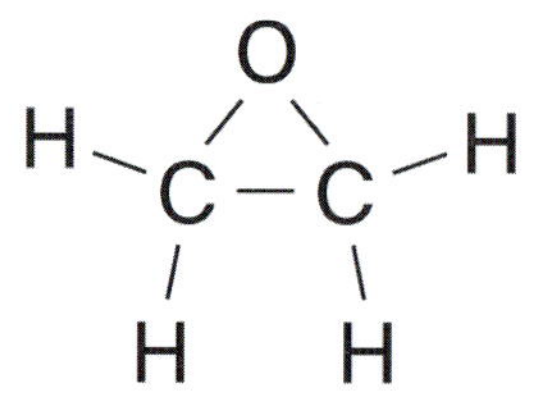

그림 3-3 Ethylene Oxide 화학 구조

② EO가스멸균법의 장단점

EO 가스는 모든 종류의 미생물을 죽일 수 있고 고온, 고습, 고압을 필요로 하지 않으며 또한 기구나 물품에 손상을 주지 않는 장점이 있는 반면에 기구나 물품을 EO 가스에 오래 노출시키면 이것을 다시 공기에 노출시키는 시간도 길게 하여야 하며 스팀멸균법에 비해서 경비가 많이 들고 액체성 EO가 피부에 닿았을 때 빨리 제거하지 않으면 심한 화상을 입을 수 있는 단점이 있다.

③ EO 가스를 사용하는 방법

EO 가스를 이용한 멸균은 canister 형태의 EO멸균기를 이용하거나 비닐 pack 속에 기구나 물품을 넣고 내부를 EO 가스로 채운 다음에 일정한 시간 동안 밀폐하는 방법으로 할 수 있다.

EO 가스멸균기는 환기가 잘되는 방에 설치하여 외부의 공기가 잘 통하도록 하며 소독이 완료되면 소독물품을 꺼내기 전에 약 5분 동안 멸균기의 문을 열어 놓아 chamber 안에 남아 있는 EO 가스가 밖으로 배출되도록 한다.

④ EO 가스 노출시간

EO 가스에 의한 멸균시간은 EO 가스의 농도에 의해서 좌우되는데 일반적으로 완전하게 멸균시키는 데에 소요되는 시간은 chamber 내의 EO 가스 농도가 리터당 450~1,000 mg일 때 대략 3~7시간 정도 된다.

⑤ EO 가스멸균 후 공기노출

EO 가스는 피부를 자극하고 신체조직에 화상을 입힐 수 있으며 또한 혈액의 용혈현상을 일으킬 가능성이 있기 때문에 EO 가스로 멸균시킨 기구나 물품은 공기에 충분히 노출시킨 다음에 사용하는 것이 안전하다.

EO 가스멸균 후 물품을 공기에 노출시키는 시간은 소독물품에 따라서 달라질 수 있으나 일반적으로 50~60℃에서는 8~12시간 그리고 실내온도에서는 24시간 정도 노출시킨 뒤에 사용하는 것이 안전하다.

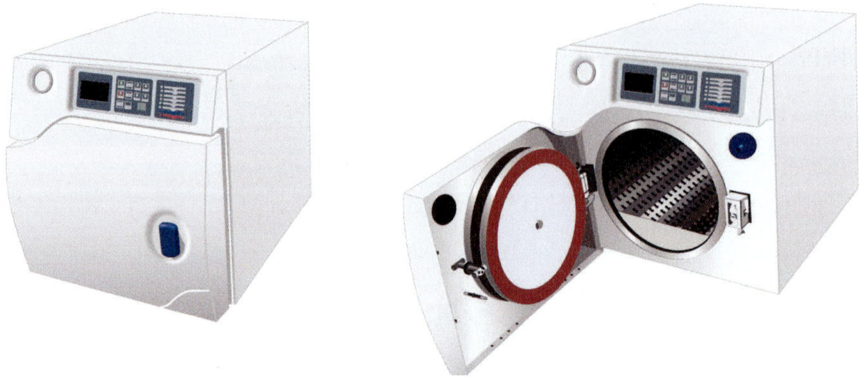

그림 3-4 Ethylene Oxide 가스 멸균기

⑥ EO 가스 반응지시표(sensitive chemical indicator)

각 물품에 부착하는 EO 가스 반응지시표는 단지 물품이 EO 가스에 노출되었다는 것을 나타내며 멸균이 완료되었다는 것을 지시하지는 않으므로 EO 가스에 의한 멸균효과는 생물학적 검사에 의해서 확인하는 것이 확실하다.

3) 액체화학멸균법

가스멸균법이 보급된 오늘날에는 액체화학멸균법으로 기구나 물품을 소독하는 기회가 예전에 비해서 많이 줄었으나 일부 수술기구들(내시경 등), 기관튜브, 기도유지기, 호흡도관(corrugated tube) 등의 소독은 아직도 액체화학멸균법을 많이 이용하고 있다.

현재 많이 사용하는 액체화학멸균제로는 sodium hypochlorite(Vipon), glutaraldehyde (Wydex), activated dialdehyde(Surgikos) 및 instrument solution 등이 있다.

(1) Sodium hypochlorite

광범위한 미생물에 적응이 되며 신속하고 강력한 살균작용을 가지고 있는데 이 소독제의 작용기전은 강력한 발생기 산소작용으로 세균의 세포막 내부까지 침투하여 살균작용을 발휘하는 것이다. 이 소독제의 용도, 용법 및 용량은 다음 표에서 보는 바와 같다.

표 3-1 Sodium hypochlorite 액의 용도, 농도 및 사용법

용도	농도	사용법
수술실 소독	200*~300배 희석액	뿌리거나 걸레에 묻혀 닦는다.
의료기구의 소독	200~300배 희석액	10분간 담근다.
창상 소독	200~800배 희석액	닦는다.
방광 세척	200~800배 희석액	세척한다.

* 200배 희석액 = 원액 50 ml + 보통 물 10 liter

(2) Glutaraldehyde(Wydex)

① 용도 및 효과

렌즈가 달린 내시경류, 마취장비, 인공호흡기의 부속물품, 수술기구, 체온계 및 가열멸균할 수 없는 고무 또는 플라스틱제품류의 살균소독 시에 사용한다.

Chapter

04

실험실 시험기구 및 기기 사용법

Chapter 04

실험실 시험기구 및 기기 사용법

1. 마이크로피펫(Micro pipette)

볼륨을 조정하는 마이크로피펫이 일반적이나 동물병원 현장에서는 볼륨이 고정된 마이크로피펫(fixed volume micropipette)을 많이 사용한다.

① 0~10 μl, 10~100 μl, 100~200 μl, 200~500 μl, 500~1,000 μl 마이크로피펫을 사용한다.

② 피펫의 용량은 조절나사를 돌려 시료의 양을 맞춘다.

③ 시료의 양을 나타내는 숫자는 피펫의 상단에서부터 읽는다.

④ 적절한 크기의 피펫 팁을 피펫 끝에 장착한 후, 조절 버튼을 살짝 눌러 첫 번째로 저항이 느껴지는 상태에서 피펫 끝을 시료에 담근다.

⑤ 조절 버튼에서 손가락을 천천히 떼어 시료를 흡입한다. 이때 흡입이 일관되게 이루어지도록 천천히, 일정한 속도로 작업한다.

⑥ 시료가 담긴 피펫 끝을 새로운 튜브나 용기에 옮긴 후, 시료가 완전히 방출될 때까지 조절 버튼을 끝까지 눌러 완전히 비운다.

⑦ 사용 후에는 팁 제거 버튼을 눌러 사용한 피펫 팁을 교체한다. 각 샘플에 대해 새로운 팁을 사용하여 교차 오염을 방지한다.

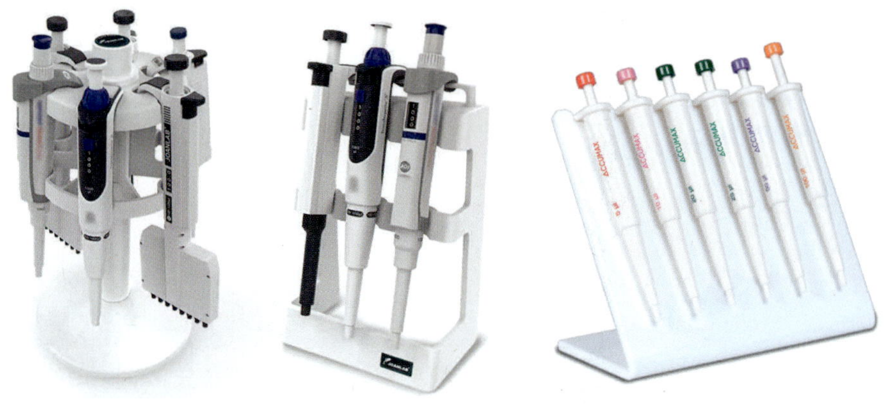

그림 4-1 마이크로 피펫, 멀티 피펫 및 스탠드, 고정 볼륨 피펫
출처: https://ko.aliexpress.com; https://www.accumaxlab.com/micropipette-guide/

2. pH meter

1) pH의 측정 원리

pH 미터는 직접전위차법을 이용하여 용액 중의 수소이온농도를 분석하는 장치이다. 물질과 전기와의 관계를 이용하여 그 물질을 분석하는 전기화학분석법의 하나인 전위차법의 원리는 전극에 접하고 있는 물질의 농도에 따라 전극전위가 달라지기 때문에 시료용액에 적당한 전극을 담그고 그 전극전위를 측정하면 원하는 화학종을 정량할 수 있다는 것이다.

전위차법 분석에서는 보통 두 가지 전극, 즉 지시전극(indicator electrode)과 기준전극(reference electrode)이 필요하다.

① **지시전극**: 불용성염 상태의 AgCl로 감싸진 'Ag wire'와 '전해질 용액', '유리막'으로 구성되어 있다. 유리막 내부에는 pH가 7로 일정한 전해질 용액이 담겨있고, 이 유리막이 외부 용액에 들어가면 외부 용액과 전해질 용액의 이온농도구배 차이로 인해 산성 용액에서는 (+)전하가, 염기성 용액에서는 (−)전하가 형성된다.

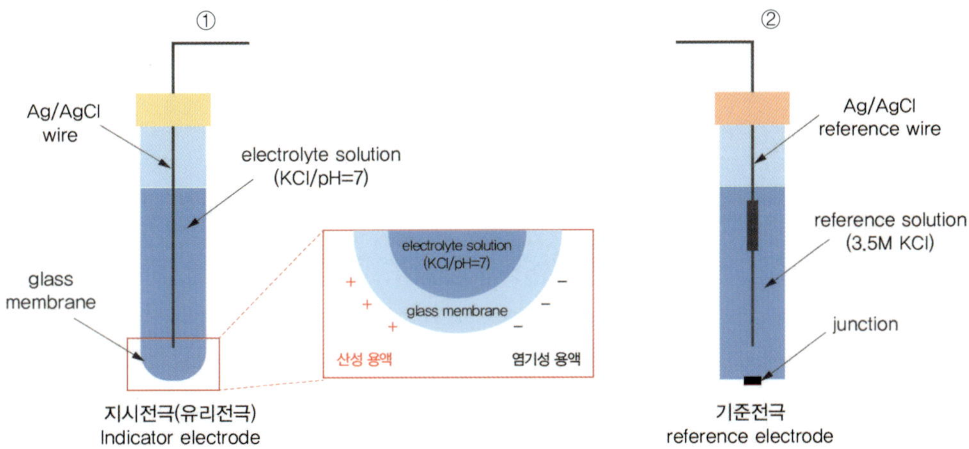

① 지시전극(Indicator electrode) ② 기준전극(Reference electrode)

그림 4-2 지시전극과 기준전극

② **기준전극**: 'Ag/AgCl wire'와 '전해질 용액', 'junction'으로 구성되어 있다. 기준전극이란, 전위가 항상 일정하여 측정하고자 하는 어떠한 용액을 넣어도 기준이 될 수 있는 전극을 말하는데, 일정한 전위를 만들기 위해선, 전해질 용액(3.5M KCl)이 junction을 통해 전극의 내부에서 외부로 이동하며 이를 통해 일정한 전위를 만들 수 있다.

기존의 pH meter는 유리전극과 기준전극이 따로 되어 있어 전극의 세척이 힘들고, 취급 및 운반이 불편하며, 시료 용액도 많이 필요했다. 이러한 문제점을 개선해 최근에는 전극을 하나로 묶어 만든 전극이 조합전극(Combination electrode)이 사용된다.

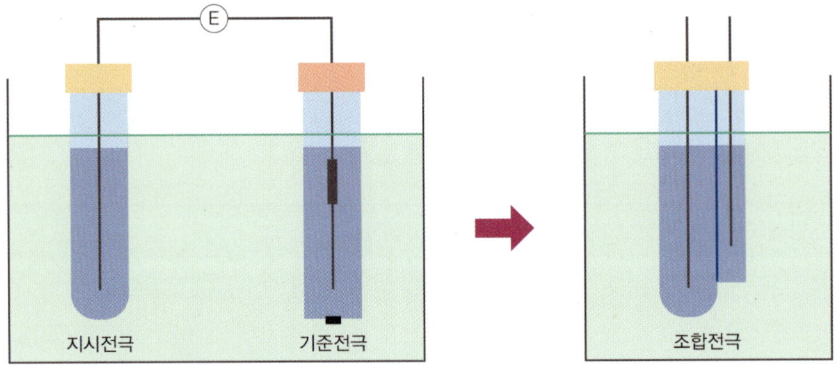

그림 4-3 조합전극(Combination electrode)

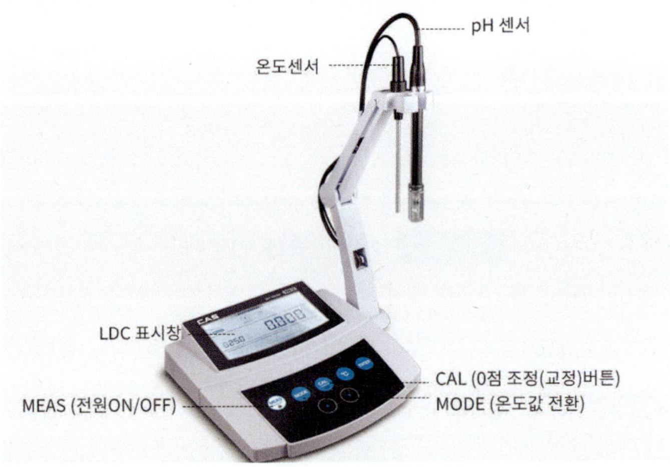

그림 4-4 pH meter

출처: https://www.cas.co.kr

2) pH meter에 의한 측정

pH는 수소이온(H^+)의 농도를 나타내므로 용액 중에 직접 또는 간접으로 두 개의 전극을 삽입하여 전지를 형성하고, 이에 따라 나타나는 전위차를 측정하여 이 값을 pH로 나타내도록 한 장치가 pH meter이다.

pH meter는 전자장치면에서 보면 일종의 진공관 volt meter로서, 두 개의 전극이 이용되는데 하나는 기준 전극(reference electrode)으로 칼로멜(calomel)전극이 이용되며, 다른 하나는 유리전극(glass rode)으로서 pH에 민감한 유리막으로 둘러싸인 Ag－AgCl－Cl－전극이 이용된다.

pH meter는 이들 전극을 pH를 측정하고자 하는 시료용액 속에 담갔을 때, 전극 사이에 생기는 전위차에 의하여 전류를 증폭시켜 밀리암페어(mamp)로 측정하는 원리를 이용한 장치로서 이 전류의 세기가 용액의 pH에 정비례하도록 만들어져 있다.

현재 pH meter에는 여러 가지 형태가 있으나 일반적인 pH meter에 의한 측정순서는 다음과 같다.

3) pH meter 조작순서

① Power switch를 켜서 pH 미터를 사용하기 전에 적어도 10분 이상 워밍업을 진행한다.

② 전극을 세척병의 증류수로 세척한 후, 여과지 등의 흡수성 종이로 가볍게 물기를 제거한다. 이때 흡수성 종이로 전극을 문지르지 않도록 주의해야 한다. 기준 전극의 고무꼭지(rubber tip)를 벗겨내고, 전극 속에 있는 KCl 용액이 한 방울 흘러내리도록 한다. 전극 끝에 흡수성 종이를 대어 깨끗이 닦는다(electrode는 매우 민감하기 때문에 조심스럽게 다룬다).

③ 시료 용액의 pH와 가까운 pH 값을 가진 완충용액 25 mL를 비커에 담고, pH 미터의 눈금을 검정하기 위해 사용한다. 먼저 온도 보정 다이얼을 용액의 온도에 맞춘다.

그림 4-5 pH meter 완충용액

출처: https://m.dargyo.com

- 보통 pH 7, pH 4, pH 10 buffer를 이용해 calibration을 잡는다.
- 처음에는 pH 7 buffer에 electrode를 넣고 pH가 변하지 않을 때까지 기다린 후 enter를 누른다(measure 버튼이거나 자동으로 되는 기계도 있음).
- electrode를 증류수로 씻어낸 후 만약 측정하고자 하는 시료가 산성이라면 pH 4, 시료가 염기성이라면 pH 10 buffer에 넣고 enter를 누른다.
- 같은 방식으로 남은 buffer에 electrode를 넣고 enter를 누른다.

④ pH를 측정하고자 하는 시료에 calibration이 완료된 electrode를 넣고 pH가 변하지 않을 때까지 기다린 후 enter를 누른 후 시료의 pH를 측정한다.

⑤ 사용 후 electrode는 증류수로 씻어내고 storage solution에 꼭 넣어 준다.

3. 볼텍서(Vortexer)와 초음파세척기(Ultrasonic cleaner)

1) 볼텍서(Vortexer)

Vortexer(볼텍서)는 실험실에서 시약을 섞어 주기 위하여 튜브를 흔들어 주는 역할을 한다. 볼텍서의 사용은 시약이 섞일 정도의 적당한 강도를 조절하여 맞추어 둔 후 튜브를 볼텍서 고무 홀더에 댄 상태로 잡고 있으면 자동으로 튜브가 진동에 흔들리게 된다. 이때 주의점은 튜브의 뚜껑이 완전히 밀폐되지 않은 경우에 튜브 안의 시약이 밖으로 새어 나오는 경우가 발생할 수 있다. 따라서 튜브는 완전 밀폐될 수 있는 뚜껑이 있는 튜브를 사용한다.

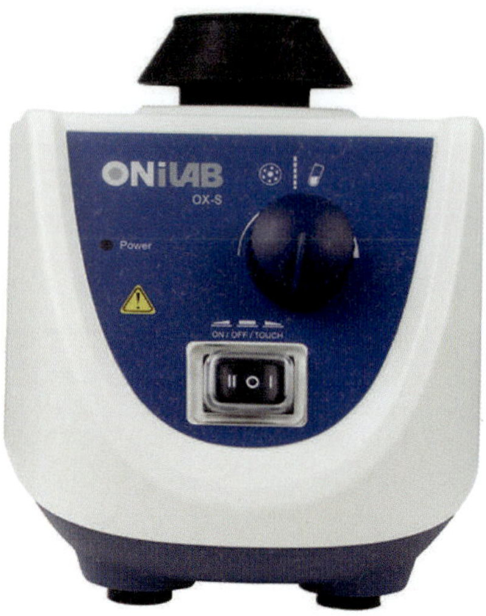

그림 4-6 Vortexer

출처: https://freeship.co.kr

2) 초음파세척기(Ultrasonic cleaner)

초음파세척기는 사람의 귀에 들리는 것보다 높은 음파를 사용하여 작은 기포를 생성한다. 이 거품은 초당 수천 번 형성되고 또한 붕괴되어 액체에 잠긴 물체의 표면에 이물질을 제거하는 원리로 작동한다. 초음파 세척의 이점은 경첩이 있는 기구 및 씻기가 어려운 부분이 있는 기구나 초자기구 등을 세척하는 데 용이하다. 표면 장력을 줄이는 계면활성제를 첨가하여 사용하여 효과를 높일 수 있다.

그림 4-7 초음파세척기

출처: https://www.seilglobal.co.kr

4. Chemical balance(전자저울)

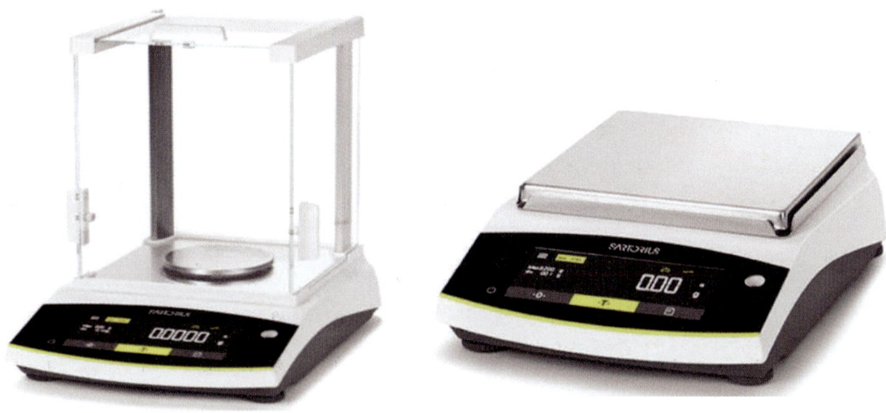

그림 4-8 Chemical balance

출처: https://labstore.co.kr

① 가루로 된 시약의 무게를 잴 때 사용하며, 바람이 없는 곳에서 사용하여야 오차를 줄일 수 있다.

② 저울의 안쪽에 유선지나 플라스틱 용기를 넣은 뒤 영점을 잡는다.

③ 원하고자 하는 무게까지 시료를 조금씩 넣은 뒤 양쪽의 문을 닫고 최종 무게를 확인한다.

④ 반드시 저울의 한계용량을 확인한다.

5. Clean bench(무균작업대)

일반 공기가 노출된 환경에서 연구 실험을 진행하면 원하지 않는 다양한 미생물에 의한 오염이 발생하게 된다. 특히 탄소원이나 영양분이 충분한 생물 배지나 배양액 작업 시에 목적하는 생물체가 아닌 공기 중에 상존하는 미생물들에 의한 오염이 발생하게 된다.

무균상태의 작업 공간을 만들어 오염을 방지하고자 고안된 기구가 무균작업대(clean bench)이다. 무균작업대는 청정 작업이 필요한 배양실, 의학, 제약, 식품, 농업, 신소재 및 전자 산업용 등에 다양하게 사용된다.

클린벤치는 무균상태에서 실험을 할 수 있는 작업대이며 외부 환경과 격리된 공간을 제공함으로써 무균작업이 가능해진다. 외부의 공기는 HEPA 필터를 통과한 후 무균작업대 내부로 불어넣어지는데, 이 HEPA 필터를 통과하여서 무균공기가 되나. 또한 무균시험대 내부에는 형광등과 자외선 살균등(UV lamp)이 설치되어 있어서, 사용하지 않을 경우 자외선 살균등을 켜놓아 살균하게 된다.

① 클린벤치는 안쪽에서 바깥쪽으로 양압을 줌으로써 외부의 감염물이 안쪽으로 들어가 오염을 방지하는 장비이다.
② 무균적으로 작업을 실행해야 하므로 먼저 사용할 장비들을 멸균한 뒤 클린벤치 안에 넣은 뒤 자외선 등을 2시간 이상 켜둔 상태로 전면 유리문을 닫고 방치한다.
③ 위험물질을 다룰 시 반드시 보호용 장구를 착용한다.
④ 손을 넣기 전 알코올 스프레이로 반드시 손을 소독한다.
⑤ 내부에 알코올램프에 점화를 시킨다.
⑥ 시료에 뚜껑을 열었다 닫을 시 반드시 알코올램프에 가까이해서 오염을 최소화한다.

⑦ 작업을 마친 뒤 모든 물품은 제거하고 알코올로 소독을 한 뒤 전면의 유리는 반드시 닫아놓는다.

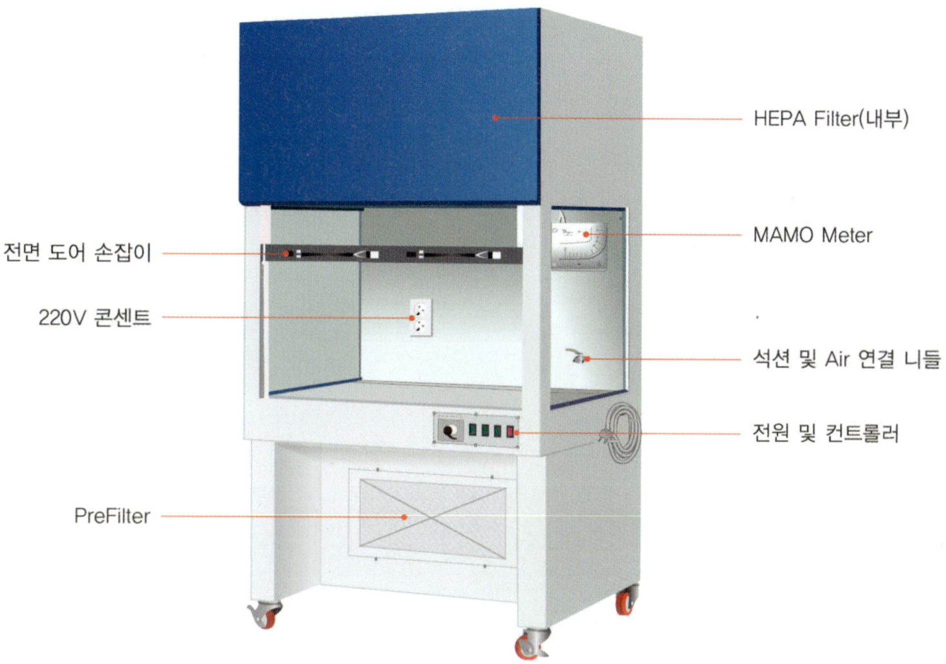

그림 4-9 Clean bench

6. 원심분리기

1) 원리

밀도가 다른 두 가지 이상의 성분을 원심력을 이용하여 분리하는 기기이다. 혈액에서 혈청과 혈병 혹은 혈장과 혈구의 분리에 많이 이용되고 있다. 특히, 원심분리기마다 로터의 회전 수를 표시하는 기준 단위가 RCF(Relative Centrifugal Force, xg) 또는 RPM(Revolutions Per Minute)으로 나뉘므로 아래의 공식을 활용하여 기기와 시료에 적합한 회전수를 설정해야 한다. 공식 중 r은 로터 중심에서 시료까지의 길이를 의미한다.

$$RCF\ (\times g) = 1.118 \times 10^{-5} \times r(cm) \times RPM^2$$

2) 종류

(1) 일반 원심분리기

회전수가 3000~4000 rpm 이하의 것으로 혈구 및 혈청분리나 세균 침전에 사용된다. 특히, 뇨침사의 경우 원심속도가 너무 빠르면 세포 파손 및 캐스트 분해 등 시료 손상이 발생할 수 있으므로 1000~1500 rpm에서 5분간 원심분리하여 세포, 결정, 캐스트 등을 침전시킨다.

(2) 고속냉각원심분리기

5000~20000 rpm의 원심분리기로서 공기저항에 의하여 원심기의 내부온도가 상승하기 때문에 시료를 일정 온도로 유지시켜주는 냉각장치를 갖추고 있다.

(3) 초원심분리기

20000 rpm 이상의 고속원심분리기로서 회전수를 높이기 위하여 공기저항을 없애주는 진공장치와 마찰열을 막아주는 냉각장치를 갖추고 있다. 주로 마이크로솜, 단백질분획, 바이러스 정제에 사용된다.

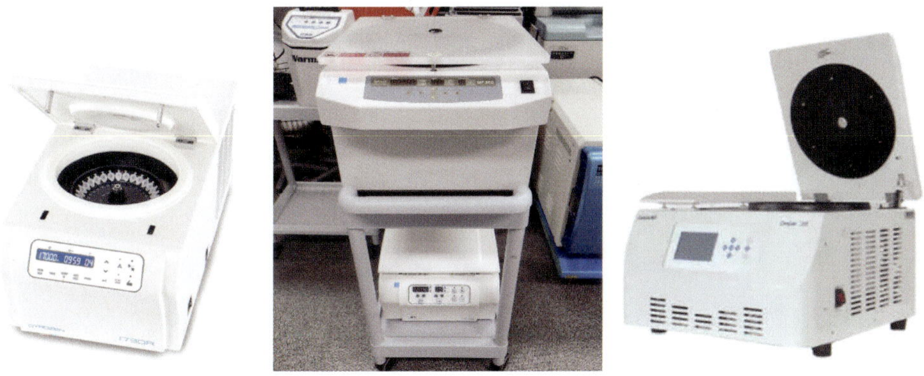

그림 4-10 원심분리기(좌: 일반, 중: 고속, 우: 초원심)

출처: https://hanilsme.kr; https://pkmedical.co.kr;
https://korean.prpcentrifuges.com/

3) 조작법

검체인 혈청 및 혈장분리나 분석에 원심침전의 조작이 필요하다. 조작 시 시험관이 파손되거나 침전이 잘 안 되는 경우가 있으므로 조작법을 습득하여 안정성을 높여야 한다.

① 양팔저울을 사용하여 침전시키려는 물질을 시험관에 필요량을 넣고 상대의 시험관의 무게를 같게 한다.
② 원심분리기의 대칭되는 위치의 무게를 같게 한다.
③ 원심분리기의 carrier 내에 코르크나 고무방석을 넣어 시험관의 파손을 방지한다.
④ 균열이 있는 시험관을 사용하지 말고 무거운 마개는 사용을 금한다.
⑤ 작동 시 회전속도는 서서히 시작하여 필요한 속도를 유지한다.
⑥ 작동을 중지할 때는 스위치를 끄고 저절로 멈추도록 한다.
(손으로 잡는 다거나 Break를 쓰는 것은 침전이 다시 상층으로 올라올 수 있다.)

7. 현미경

1) 현미경의 종류

미생물은 크기가 너무 작아서 육안으로만 구별하는 것은 매우 곤란하다. 그러므로 자세한 형태를 알기 위해서는 현미경을 사용해야 된다.

현미경은 광학렌즈를 이용하여 물체의 구조를 확대시켜 그 해상력을 증대시켜 주는 기구로써 미생물의 구조를 밝히는데 가장 중요한 기구로, 사용목적에 따라서 개발된 여러 종류의 현미경이 있으므로 구조를 이해하고 사용법을 잘 익혀야 한다.

현미경의 종류에는 여러 종류가 있지만 크게 두 종류로 나누면 광학현미경과 전자현미경으로 나눌 수 있다.

(1) 쌍안해부현미경(stereo dissecting microscope)

육안과 같이 반사광을 이용하여 물체를 입체적으로 볼 수 있기 때문에 현미경 아래서 여러 조작을 해가며 사용할 수 있는 편리한 점이 있다. 비율은 비교적 낮아 10~50배 정도이다.

(2) 일반현미경(general microscope)

보통 우리가 현미경이라 부르는 것으로 물체에 빛이 투과되어야 볼 수 있기 때문에 피검체의 두께는 빛이 투과될 만큼 얇아야만 보인다.

대물렌즈와 대안렌즈로 되어 있기 때문에 복합현미경(compound microscope)이라고도 한다.

단안(monocular)과 쌍안(binocular) 그리고 사진기를 부착하도록 된 3안(trinocular)이 있는데 기본구조 모두 같다.

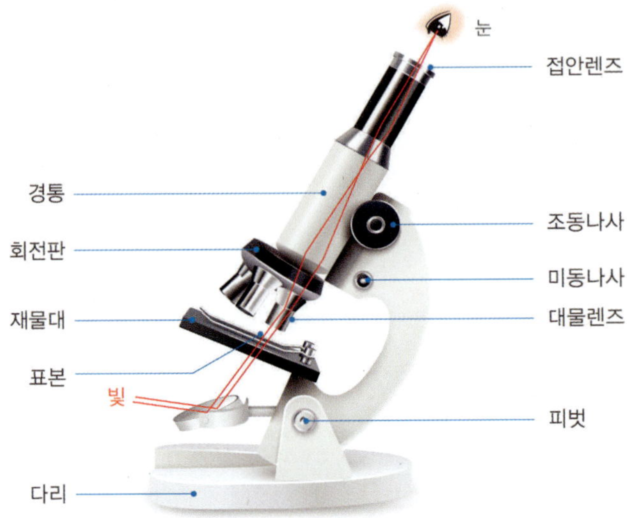

그림 4-11 광학현미경의 구조

(3) 형광현미경(fluorescence microscope)

생물체 내의 형광성 물질이 자외선에 의해 형광을 발하는 성질을 이용하여 관찰하는 현미경이다.

형광물질의 분포를 알거나 또는 형광색소로 생체 염색하여 물질의 이동이나 세포의 투과성 등을 조사하는 데 쓰인다.

(4) 위상차현미경(phase contrast microscope)

보통현미경으로 살아있는 세포를 보면 세포질은 대부분 투명하고 균질로 보인다. 우리는 이 속에 들어있는 서로 다른 물질을 염색을 통해서 구별하는 것이 보통이지만, 위상차 현미경을 이용하면 염색하지 않은 살아있는 상태에서도 이를 볼 수 있다. 왜냐하면 구조적으로 두께가 서로 다른 부분을 투과하는 광파에는 위상의 차가 생기기 때문에 이들을 명암으로 나타나게 할 수 있기 때문이다.

피검체 내 위상의 잔상을 나타내는 부분(예: 염색체)이 다른 부분(예: 세포질)보다 어둡게 보이도록 설계된 위상판을 갖는 것을 positive 또는 dark contrast라 부르고 밝게 보이도록 된 것을 negative 또는 bright contract라 부른다. 546 nm의 파장에서 명암의 대조가 가장 잘 나타나기 때문에 녹색 필터를 사용한다. 생체 또는 고정상에서도 염색하지 않은 상태를 관찰할 수 있다.

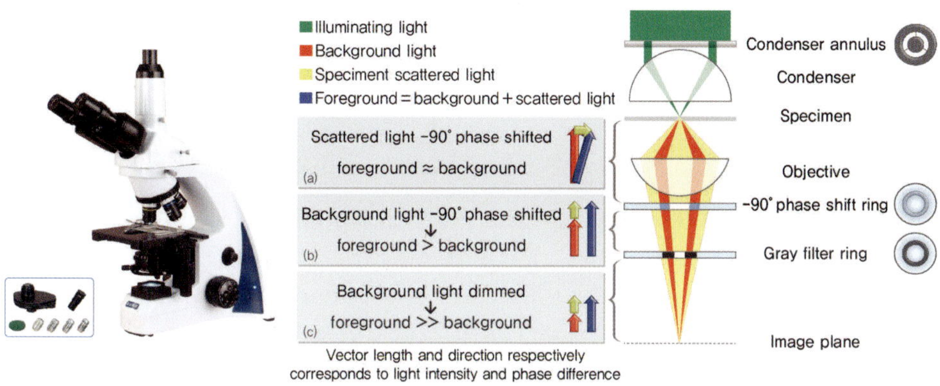

그림 4-12 위상차 현미경 구조와 원리

(5) 전자현미경

광선 대신에 전자선을 이용하여 광의 파장보다도 작은 것을 보 수 있는 현미경이다. 보통 광학현미경에서 광파장은 420~750 nm의 범위로 한정되지만, 전자현미경에서는 그 파장이 전자의 속도에 따르게 된다.

즉, 파장은 전자를 가속시키는 전위차에 따라 변하며, 가속 전위차 제곱근의 역수에 비례한다.

전자현미경을 사용하여 얻은 해상력은 광학현미경의 1000배 이상으로 1 nm 미만 정도까지 볼 수 있다고 한다. 생물조직의 초현미경적 구조의 대조를 높이기 위해서 오스미움산이나 인몰리브덴산과 같은 중금속원자를 함유하는 용액으로 조직 박편을 처리하면, 이들 원자는 조직의 특수한 부분에 선택적으로 흡수되기 때문에 그 부분에서 전자가 산란되어 내부의 대조를 높일 수 있게 된다. 이는 광학현미경에 있어서 조직 염색과 비교할 수 있으며 전자염색이라고도 한다. 엽록체, 미토콘드리아, 편모, 염색체, 핵막, 바이러스 등이 전자현미경에 의해 자세히 알려졌다.

2) 현미경의 구조

(1) 기계적 장치

현미경의 각 부분을 자세히 구분하면 경각(base), 경주(arm), 경통(tube), 재물대(stage), 대물렌즈 교환 장치(revolving nose-piece, revolver), 조정장치(focusing adjustment) 등이 있다.

① **조동나사**(coarse adjustment): 경통을 상하로 움직이게 하여 선명한 상이 맺어지게 하는 나사로서 크게 움직이게 한다.

② **미동나사**(fine adjustment): 경통을 상하로 움직이게 하여 선명한 상이 맺어지게 하는 나사로서 미세하게 움직인다. 미동나사의 옆에는 측미선이라는 눈금이 있는데 경통의 상하운동을 1~2 μ까지 읽을 수 있어 물체의 두께를 아는 데 이용된다.

③ **경주**(arm): 보통은 경각의 후보로부터 거의 수직으로 세워져 있는 것으로 재물대, 경통, 조명 장치, 조정장치가 붙어 있다.

④ **전원**(power switch, brightness control): 전원 스위치로 빛의 밝기를 조절한다.

⑤ **경각**(base, foot): 현미경의 최 하부로 현미경 전체를 받치는 받침이다.

⑥ 집광 손잡이(condenser knob)

⑦ 조리개(iris diaphragm lever)

⑧ 대물렌즈(objective lens)

⑨ **대물렌즈 교환장치**(revolving nose-piece, revolver): 회전식 교환기로 여러 배율의

대물렌즈를 부착시키는 원판이다.

배율을 바꿀 때는 자동적으로 현미경의 광축에 일치되도록 되어 있다.

저배율에서 고배율로 바꿀 경우 초점은 위쪽으로 이동되어 있으므로 미동나사로 경통을 아래쪽으로 내려서 초점을 맞춰야 한다.

⑩ 대안렌즈(ocular eyepiece lens)

⑪ **고정용 클립**(stage clips): 표본(프레파라아트) 고정

⑫ 재물대 이동 손잡이(stage motion knobs)

⑬ **재물대**(stage): 슬라이드글라스를 놓은 평평한 대이다. 중앙에 빛의 구멍이 있으며 구멍 좌우에 표본(프레파라아트) 고정용 클립을 끼울 수 있는 구멍이 있다.

(2) 광학적 장치

현미경의 가장 기본적인 부분은 대안렌즈와 대물렌즈로 이들은 상을 맺게 하는데 직접 관계하고 있다. (반사경, 조리개, 집광기, 필터)는 빛의 강도와 성질을 조절해 주는 역할을 한다.

① **대안렌즈**(ocular, eyepiece)

경통의 위에 설치되어 있으며, 대물렌즈에 의해 확대된 실상을 다시 확대하여 허상을 만드는 일을 한다. 대안렌즈는 보통 2개의 렌즈로 되어 있는데 위의 볼록렌즈는 상을 확대하고 아래의 볼록렌즈는 시야를 넓게 해주는 역할을 한다. 양 렌즈의 중간 또는 밑에 둥근 구멍이 뚫린 금속판이 붙어 있다. 대안렌즈는 3x, 5x, 10x, 15x 라 기재되어 있는 것은 확대력을 말한다. 또 대안렌즈에 K8x의 표가 있는 것은 보정 대안렌즈임을 말하는 것인데 이는 보통 대안렌즈의 경우 시야의 중앙은 확실히 보이나 주변부는 색이 흐려 잘 보이지 않는 결점을 보정시킨 것으로써 보정 대안렌즈를 쓰는 것이 좋다.

② **대물렌즈**(objective)

경통의 아래 부분에 붙어있는 것으로 피검물의 1 차상을 맺게 한다.

그 미세구조를 정확히 재현시켜 주는 해상력은 대물렌즈만이 결정한다.

대안렌즈는 그 이상의 미세한 점을 새롭게 추가시키는 일은 할 수 없다.

단, 상을 적당히 확대하여 사람 눈에 쉽게 보이도록 하여 주거나 상을 다소 수정해 주는 역할뿐이다.

③ **광원**

현미경의 광원으로 다양한 종류의 램프가 사용되는데 이상적인 현미경의 광원은 자연광에 가까운 백색광이어야 한다.

④ **조리개**(diaphragm)

광원으로부터 반사경을 통해 들어오는 빛은 너무 밝은 경우가 많아서 선명하지 못하게 된다. 그러므로 이런 경우를 방지하기 위해서 조리개가 붙어 있다. 소형 현미경에는 크고 작은 구멍이 뚫린 원판을 회전시켜 빛이 들어오는 양을 조절하도록 되어있는데 연속적 변화가 불가능한 결점이 있다. 중형 이상의 현미경에는 홍채조리개로써 사진기와 같이 많은 반달판이 모여 중앙의 구멍을 자유로이 늘이거나 줄일 수 있게 되어 있다.

⑤ **집광기**(condenser)

개수구가 큰 대물렌즈의 경우에는 광원으로부터 들어오는 빛의 성질을 적당히 변화시키고자 할 때에는 집광기가 없으면 안 된다.

집광기의 일차적인 기능은 빛을 모아 시료를 통과하는 빛의 양을 많게 하여 상을 밝게 하고, 모인 빛이 가급적 대물렌즈의 각 구경에 맞게 대물렌즈를 통과하도록 함으로써 최대 해상력을 얻도록 하는 장치이다.

3) 현미경의 사용법

(1) 현미경의 설치

① 검경장소는 청결하고 습기가 없는 곳을 택하여야 한다.

② 현미경을 이동할 때에는 양손을 쓰되 한 손으로 경주를 또 한손으로는 경각을 받쳐서 든다.

③ 현미경을 실험대 위에 놓을 때에는 충격을 주지 않도록 조심스럽게 놓되 실험대의 가장자리에서 충분히 안으로 들여 놓는다.

④ 자연광을 쓰는 경우 직사광선을 비추지 않는 곳이 좋다.

⑤ 의자를 높여 가능하면 현미경을 경사지지 않도록 수직으로 하여 보는 것이 좋으나 부득이한 경우에는 조금 굽혀서 관찰한다.

(2) 예비 조절

① 조동나사를 사용하여 경통을 올린다. 재물대로부터 1~2 cm 높이 정도 떨어지게 올린다.

② 대물렌즈 회전장치(revolving nose piece)를 돌려서 저배율의 대물렌즈를 경통과 직선이 되게 한다.

③ 조리개를 최대한으로 연다.

④ 반사경을 조절하여 광선이 렌즈 내에 들어오게 한다. 직사광선을 피한다.

⑤ 광선이 강할 때에는 조리개로 조절한다.

⑥ 대물렌즈나 대안렌즈가 흐리거나 먼지가 있을 때에는 렌즈 닦는 종이로 가볍게 닦는다.

(3) 검경재료의 준비

① 렌즈 닦는 종이로 슬라이드글라스와 커버글라스를 깨끗이 닦는다.

② 시료를 슬라이드글라스 위에 놓고 기포가 들어가지 않게 커버글라스를 덮는다.

(4) 현미경의 초점 조절

① 준비한 슬라이드를 재물대 위의 구멍 한복판에 피검물이 오게 놓고 stage clip으로 고정한다.

② 옆에서 보면서 조동나사로 경통을 서서히 내려 대물렌즈가 슬라이드에 거의 닿게 내린다.

③ 대안렌즈로 들여다보면 조동나사를 서서히 올려서 상이 나타나게 한다(경통이 위아래로 오르고 내릴 때 나사의 방향을 잘 기억해야 한다).

④ 미동나사로 상이 더욱 똑똑하게 보이도록 초점을 조절한다.

⑤ 조리개를 조절하면 상이 더욱 명확해진다.

⑥ 다음에 대안렌즈를 들여다보면서 슬라이드글라스를 우측에서 좌측으로 가만히 이동하며 그것이 시야 안에서 움직이는 것을 관찰한다.

⑦ 다음에는 슬라이드글라스를 전후로 이동시켜 그 움직임을 본다.

⑧ 대안렌즈 회전장치를 돌려서 고배율로 관찰한다.

(5) 확대(magnification)

① 물체를 50x으로 확대했다는 것은 25.4 cm의 거리에서 육안으로 본 것의 길이와 폭을 50배로 확대한 것이다.

② 대안렌즈와 대물렌즈에는 각각 그 렌즈의 단독배율이 새겨져 있다.

③ 복합배율은 대안렌즈와 대물렌즈의 단독배율을 곱한 것이다.

(예: 5×12=60배, 5×45=225)

(6) 현미경 사용 후의 처리

① 검경이 끝나면 슬라이드글라스를 빼고 재물대에 묻은 먼지를 닦아낸다.

② 현미경이 기울어져 있으면 다시 원래의 위치대로 수직이 되게 한다.

③ 사용 후는 대물렌즈 회전판을 돌려서 저배율의 대물렌즈가 경통 바로 밑에 오게 한다.

④ 대물렌즈의 하단이 재물대로부터 1 cm 이하의 높이까지 오도록 경통을 낮춘다.

⑤ 현미경을 저장장소로 옮긴다. 옮길 때는 양손을 쓴다.

⑥ 모든 슬라이드글라스와 커버글라스를 세척한다.

⑦ 유침 후에는 기름을 렌즈용 종이로 닦아 제거한다. 렌즈에 묻은 기름은 xylol이나 benzene을 사용하여 닦아낸다.

⑧ 경통은 항상 대안렌즈에 끼워 두어 경통에 먼지가 들어가지 않도록 한다.

⑨ 렌즈먼지는 부드러운 솔, 렌즈용 종이 등을 사용하여 제거한다.

8. 마이크로플레이트 리더기(Microplate Reader)

1) 마이크로플레이트 리더의 기초 원리

(1) 흡광과 발광

마이크로플레이트 리더기의 기본 원리는 빛의 흡수, 형광, 및 발광 현상을 기반으로 하고 있다. 이 장비는 주로 흡광도 측정, 형광 및 발광 분석을 위해 사용되며, 각각의 측정 방법은 다양한 생물학적 실험에 활용된다. 이러한 기기는 기본적으로 광원, 파장 선택기, 시료부, 검출기로 구성되어 있다.

① 흡광

흡광은 물질이 특정 파장의 빛을 흡수하는 성질을 말한다. 물질이 빛을 흡수하면, 그에 상응하는 파장의 빛의 양이 감소하게 되며, 이를 통해 샘플의 농도를 정량화할 수 있다. 흡광도를 측정하기 위해서는 다음과 같은 기본 원리를 이해해야 합니다.

투과율(transmittance)은 비추어진 빛의 양에 대한 투과된 빛의 양의 비율로 정의된다. 흡광도는 물질의 농도와 빛의 투과 거리와 관련이 있으며, 이는 램버트–비어의 법칙(Lambert–Beer Law)으로 설명할 수 있다.

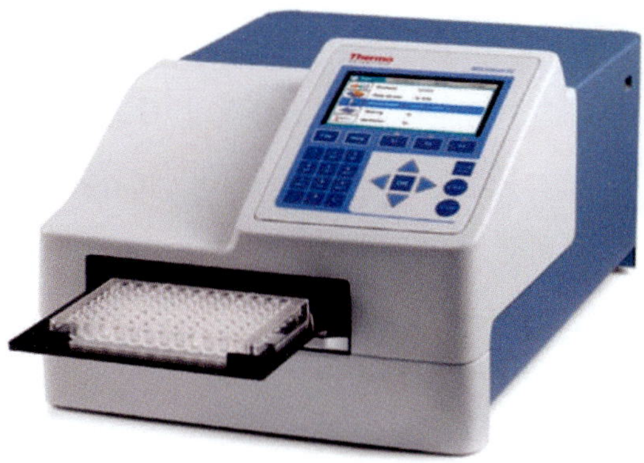

그림 4-13 마이크로플레이트 리더

출처: https://www.fishersci.pt

② 형광

형광은 물질이 특정 파장의 빛에 자극을 받아 고유의 에너지 상태로 돌아가면서 다른 파장의 빛을 방출하는 현상이다. 형광 현상은 주로 형광 물질이 특정 파장의 빛을 흡수하고, 이 에너지를 바탕으로 방출하는 파장이 다른 빛의 형태로 나타나는 것을 의미한다. 형광을 측정하는 실험에서는 형광 물질에 특정 파장의 빛을 비추고, 방출되는 빛의 세기를 측정한다. 이때 형광 물질의 방출 파장은 물질의 구조와 상태에 따라 다르게 나타난다. 형광 측정의 주요 장점은 높은 감도와 낮은 배경효과인데, 이는 형광 측정이 특정 물질의 존재를 검출할 수 있는 매우 민감한 방법이라는 것을 의미한다. 이러한 특성 덕분에 다양한 생물학적 및 화학적 실험에서 활용할 수 있다.

③ 발광

발광은 물질이 화학반응을 통해 에너지를 방출하여 빛을 생성하는 현상이다. 생물발광(bioluminescence)은 발광의 대표적인 예로, 생물체 내에서 자연적으로 발생하는 현상이다.

발광의 원리에서 중요한 역할을 하는 물질은 루시퍼린(luciferin)이며, 루시퍼레이스(luciferase) 효소와 결합되며 산화된다. 이 과정에서 방출된 에너지가 빛의 형태로 나타난다. 발광의 메커니즘은 생명체의 에너지 대사와 깊은 연관이 있으며, 이는 세포 생존율을 측정하거나 특정 물질의 존재 여부를 확인하는 데 유용하다

(2) 마이크로플레이트 리더 구성요소

① 광원

광원은 실험에 필요한 특정 파장의 빛을 생성하며, 이 빛이 샘플에 조사된다. 샘플이 빛을 흡수하면, 그에 따른 신호가 검출기로 전달되어 데이터로 변환된다. 이 과정은 매우 정밀하며, 다양한 실험에 적합하게 조정할 수 있다.

일반적으로 사용되는 광원으로는 텅스텐 할로겐 램프와 제논 플래시 램프가 있다. 텅스텐 할로겐 램프는 가시광선의 출력이 강하고 자외선의 출력은 상대적으로 약한 특징이 있다. 그러나 수명이 짧고 세기가 일정하지 않은 단점이 있다. 제논 플래시 램프는 가시광선과 자외선 모두를 출력할 수 있어 다양한 실험에 활용된다. 특정한 심도가 있는 플래시 램프는 상대적으로 긴 수명을 가지고 있다.

② 파장선택기

광원에서 생성된 빛은 다양한 파장 범위를 포함하고 있다. 따라서 마이크로플레이트 리더는 흡광도를 정확히 측정하기 위해 파장 선택기를 통해 원하는 파장의 빛만을 샘플에 조사해야 한다. 모노크롬 에이터는 서로 다른 파장을 다른 각도로 분산시켜 특정한 파장을 선택한다. 다양한 파장을 사용할 수 있어 유연성이 높다. 필터는 특정 파장의 빛만을 투과시켜 빛의 소실되는 빛이 적어, 높은 감도로 측정이 가능하게 한다.

③ 시료부 및 검출기

마이크로플레이트 리더의 시료부는 다양한 형태의 샘플을 처리할 수 있는 공간으

로, 샘플의 종류에 따라 다르게 구성될 수 있다. 일반적으로 사용하는 마이크로 플레이트는 96개 또는 384개 웰을 갖춘 형태로, 소량의 시료를 효율적으로 분석할 수 있다.

검출기는 샘플에서 발생한 빛을 전기적 신호로 변환하는 장치로, 주로 포토 다이오드와 PMT(광전자 증배관)가 사용된다. 포토 다이오드는 반도체 방식으로 작동하며, 고전압이 필요하지 않아 견고한 구조를 가지고 있다. PMT는 이차 전자의 방출을 이용하여 신호를 증폭한다. 매우 높은 감도를 가지고 있어 형광 및 발광 측정 시 주로 사용된다.

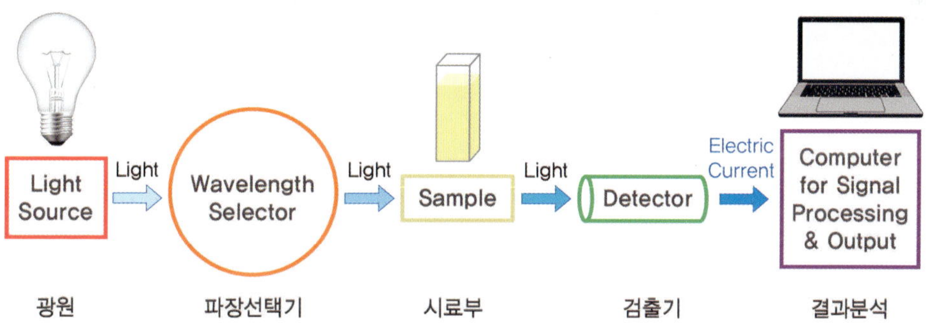

그림 4-14 마이크로플레이트 리더의 원리 및 구성

2) 마이크로 플레이트 리더의 응용분야

마이크로플레이트 리더기는 오랫동안 필요한 분석을 할 수 있는 응용분야에서 다양하게 활용되어 오고 있다. 각각의 실험실에 적합하고 미래 지향적인 판독기를 찾기 위해서 모든 연구자들은 그 솔루션을 찾기 위해 더 많은 관심을 기울이고 정보를 수집하는 합리적이다.

핵산과 단백질 또는 세포 생존능력을 정량화하는 것과 같은 여러 가지 실험에서 사전에 기본적인 테스트를 실행해야 한다. 모든 응용 가능한 실험에서 다양한 원리, 기술 및 장비의 민감도를 기반으로 하는 여러 솔루션을 사용할 수 있다. 따라서 마이크로플레이트 리더기에 사용하기 위한 키트 또는 화학물질의 정확한 이름과 공급업체를 미리 아는 것이 중요하다. 특정 생물학적 분석을 위해서 다양한 테스트 방법이 있으며 일반적으로 번거로운 테스트로 해결하는 문제에 대해 마이크로플레이트를 기반으로 더욱 편리한 방법이 될 수 있다.

3) 마이크로플레이트 리더 사용 절차

① 장비의 전원을 키고 10분 이상 예열시킨다.
② 장비 모니터에 작동 프로그램을 열고 새로운 프로세스 또는 기존의 프로세스를 적용한다.
③ 시료의 적정량을 미리 준비한 마이크로플레이트에 넣고 리더기에 삽입한다.
④ 마이크로플레이트 리더기에 샘플에 대한 흡광도를 선택하고 측정한다.
⑤ 샘플에 들어있는 분자들은 특정한 파장(일반적으로 UV 또는 visible)에서 빛을 흡수한다.
⑥ 흡수된 빛의 양은 시료 내의 농도와 비례하게 나타난다.
⑦ 마이크로플레이트 리더기는 측정한 흡광도 값을 이용하여 시료의 농도를 계산한다.
⑧ 결과값은 컴퓨터 소프트웨어를 통해 출력된다.

Chapter

05

임상병리검사용 기기 사용법

Chapter 05

임상병리검사용 기기 사용법

1. 뇨검사 방법 및 기기

뇨분석은 수분 이내에 실시할 수 있는 비교적 간단한 방법으로 비뇨기 계통의 기능뿐만 아니라 신체의 다른 장기나 계통에 관한 중요한 정보를 제공한다.

1) 시료의 채취 및 보관

(1) 용기

① 깨끗하고 잘 건조된 용기로 채취한다.
유리병이나 1회용 플라스틱용기가 적당하다.

② 시료는 태양광선이 bilirubin과 urobilinogen 같은 성분을 1시간 이내에 변성시키기 때문에 바로 검사하지 않고 보관할 경우 불투명한 플라스틱이나 갈색 유리병을 사용한다.

③ 세제로 씻은 용기는 물로 깨끗이 씻어 말린다.

④ 세균학적 검사를 위해서는 멸균된 용기를 사용한다.

(2) 채취시기

아침에 채취한 소변이 진단적 의의가 있는 성분을 많이 함유하고 있으며, 카테터를 사용하지 않고 채취할 경우 세포파편, 백혈구 등이 포함되어 있기 때문에 방뇨되는 처음 부분의 뇨는 버린다.

채뇨 후 시간이 경과하면 세균이 증식하여 암모니아 냄새가 나는 pH는 상승하고 cast나 혈구들은 용해되어 검출할 수가 없게 되므로 시료채취 후 2시간 이내에 검사하며 만약 바로 검사를 하지 못할 경우 냉장보관을 한다.

냉장했던 시료를 사용할 때는 실온과 같은 온도로 올린다.

낮은 온도에서는 뇨 비중이 약간 증가하고, 저온은 효소반응을 이용하는 검사에 영향을 미치기 때문이다.

(3) 보존제

소변 시료가 채취된 후에는 1시간 이내에 검사를 하여야 하며, 냉장시에는 24시간 이내에 검사한다.

냉장 시에는 24시간 이내에 검사한다. 냉장이 곤란할 경우 보존제를 사용하지만 여러 가지 화학반응을 방해할 수가 있다.

보존제를 사용할 때는 2일 이내에 검사한다.

방부를 안 했을 때 Urine의 변화는 다음과 같다.

① pH의 알칼리화, WBC, Cast는 없어지고, 색깔은 혼탁 된다.

② Bilirubin, Urobilinogen, Glucose, Protein은 감소 내지 없어진다.

③ 세균, Occult Blood, Ammonia는 증가한다.

④ RBC는 용혈, Urea는 감소한다.

표 5-1 보존제의 종류 및 특징

보존제	특 징
톨루엔 (Toluene)	항균제이며, 여러 가지 화학검사에 영향이 없으므로 많이 사용된다. 용기에 톨루엔 1 mℓ를 넣고 요와 잘 혼합한 후 톨루엔이 요 표면을 덮도록 한다. 검사할 때는 하층부의 뇨를 피펫으로 채취한다. 단백질이나 당의 검사에는 영향을 주지 않지만 케톤량을 변화시킨다. 생화학적 검사에 좋다. 가장 많이 이용된다.
페놀 (Phenol)	요 30 mℓ당 한 방울 정도 가한다. 이것은 시료를 멀리 보낼 때 적당하다.
티몰 (Thymol)	항균제이며, 100 mℓ 요이면 5mm 직경 정도의 결정 하나를 넣는다. 또는 iso-propyl alcohol에 녹인 10% 용액 5~10 mℓ를 사용한다. 과량이면 단백검사나 0-toluidine glucose test에서 반응을 방해한다. sulfosalicylic acid 방법으로 위양성(僞陽性)의 단백반응이 나올 수 있다. 세균학적 검사에 주로 사용된다.

2) 물리적 검사

(1) 뇨량

정상동물에서 생성되는 뇨량은 사료, 수분섭취량, 온도와 습도, 운동, 동물의 크기와 체중에 따라 변한다. 뇨량은 비중과 관계가 있으며 배뇨량이 많을 경우 뇨 비중이 낮고, 적을 경우에는 뇨 비중이 높다. 정상범위는 다음과 같다.

표 5-2 뇨량의 정상범위

종류	1일량(ℓ)	mℓ/kg/일
개	0.5 ~2(1.0)	31(25~41)
고양이		26(22~30)
사람	1~1.2	9~29

(2) 비중(Specific Gravity) 검사

뇨 비중은 신장의 농축 혹은 희석능력을 나타낸다. 정상상태의 개에서 뇨 비중의 영향을 미치는 인자는 사료, 수분섭취량, 기후, 활동 등이다. 정상범위는 다음과 같다.

표 5-3 **뇨 비중의 정상범위**

종류	범위	평균
개	1.015~1.045	1.025
고양이	1.020~1.040	1.030

(3) 굴절계(Refractometer, TS meter)법

온도 보정이 필요 없고 한 방울의 시료만 있으면 되므로 현재에는 널리 사용되고 있다.

prism의 표면에 증류수를 1~2 방울 떨어트린 후 덮개를 덮는다.

↓

굴절계는 빛을 향하고 접안렌즈를 통하여 선이 1.000을 확인한다.

↓

부드러운 휴지로 물기를 닦아낸다.

↓

소변시료 1~2방울을 떨어트린다.

↓

접안렌즈를 통하여 확인한다.

↓

증류수를 이용하여 굴절계를 세척한다.

그림 5-1 **굴절계에 의한 비중측정 절차**

굴절계를 이용한 측정 시 주의사항은 다음과 같다.

① 굴절계는 실온에서 사용하여야 한다.
② 냉장 보관된 시료는 시험 전에 실온상태로 보관한다.
③ 농축이 심하여 눈금으로 결과를 읽지 못하면 증류수로 2배 희석하여 측정한다. 이 결과에 2를 곱해서 실제수치를 얻는다.

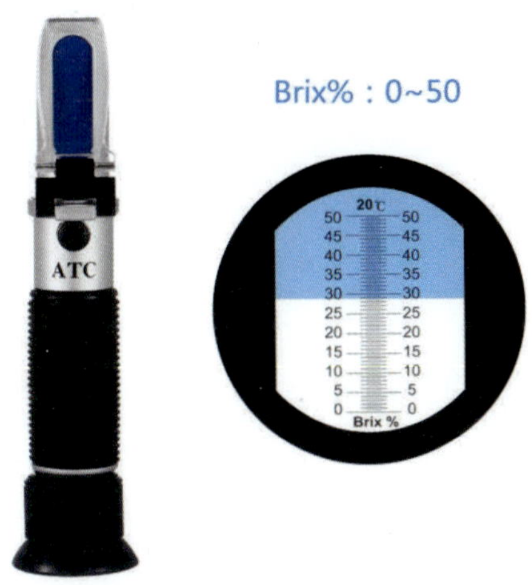

그림 5-2 뇨비중 측정용 굴절계

출처: https://korean.alibaba.com

2. 기생충 검사

1) 분변 채취법

(1) 직장에서 채취

① 실질적이고 위생적이다.

② 일회용 장갑을 사용한다.

③ 체온계나 유리막대를 사용한다. 또는 채변기를 사용한다.

(2) 배설된 분변에서 채취

① 직장에서 채취하는 것이 불가능할 때만 사용한다.

② 가능한 한 신선한 분변을 사용한다.

③ 바닥이 불결할 때에는 배설된 분변의 상부에서만 채취할 것

2) 일반적 주의사항

(1) 기생충검사에 쓰일 분변은 배변한 지 하루가 넘지 않은 신선한 것이어야 한다.
약 50 g 이상의 분변을 수거해서 깨끗한 용기에 담는다.
이상적으로는 분변에 지푸라기나 뇨 등의 이물질이 묻지 않아야 한다.

(2) 현미경 검사를 바로 하지 못할 경우 냉장 보관할 것.

(3) 분변이 하리성인 경우는 몇 스푼 정도의 양을 배변 즉시 수거하여 채집한 시간을 기록하여 둔다.
하리성 분변은 배변 후 30분 이내에 검사하여야 한다. 이들 분변은 냉장하지

않고 바로 검사하거나 검사를 의뢰하여야 한다.

(4) 분변을 담은 용기엔 다음과 같은 내용을 기록한다.

: 날짜, 축주 이름 및 주소, 연락처, 환축 종류, 이름, 나이 및 성별, 의심되는 질병

(5) 만약 현미경 검사까지 시간이 24시간 이상 소요될 경우 분변을 10% 포르말린 용액으로 고정할 것(분변은 배양할 수가 없다.)

(6) 분변을 배양하려면 분변 100 g이 필요하며, 현미경검사를 위해서는 약 5g이 필요하다.

(7) 분변 채취시간이 중요할 때도 있다. 예를 들면 간질층은 오후 12시부터 2시 사이에 충란을 가장 많이 배설한다.

(8) 검사를 의뢰할 때는 분변과 10% formalin액의 비율을 1:10~20의 비율로 넣어 보낸다.

Babesia와 같은 원충성 혈액 기생충이 의심될 경우는 혈액 도말 표본(thin blood smear)을 만들어 95% methanol로 고정한 후 보낸다.

3) 기생충 검사를 위한 현미경의 올바른 사용법

분변검사 등을 통해 효과적인 기생충검사를 하기 위해서는 현미경을 올바르게 사용하는 방법을 숙지하여야 한다.

그 이유는 초보자의 경우 찾고자 하는 충란 등을 현미경 사용법의 미숙으로 인해 찾지 못하고 많은 시간을 허비하는 데다가 비싼 현미경을 망가뜨리는 경우가 많기 때문이다.

(1) 일반적인 분변검사는 100배에서 검경을 시작하며 400 또는 1,000배는 Giardia나 Cryptosporidium과 같은 작은 기생충란을 검경할 때 유용하다.

(2) 400배나 1,000배에서 검경할 때 주의할 점은 대물렌즈에 커버글라스나 시료가 닿아 렌즈가 더러워지거나 심한 경우 복구할 수 없는 흠집이 생길 수 있으므로 테이블을 렌즈와 최대한 가깝게 위치시킨 후 천천히 아래로 내리면서 초점을 맞추어야 한다.

(3) 검경은 cover glass의 한쪽 구석(4군데 중 한 곳을 선택)에서 시작하여 전체를 모두 검경한다.

(4) 충란이나 유충을 더 잘 볼 수 있도록 contrast를 높이는 것이 중요하다. Contrast를 최대로 하기 위해서는 microscope condenser를 아래쪽으로 위치시키거나 condenseriris diaphragm의 aperture를 작게 한다. 현미경의 밝기는 너무 높지 않아야 한다.

하지만 고배율로 검경할 때는 밝기를 높여 검경하는 것이 유리하다.

(5) 슬라이드를 검경할 때는 초점을 맞추기 위해 미동나사를 위, 아래로 계속 조정하면서 검경해야 한다.

그 이유는 어떤 충란은 cover glass쪽에, 다른 충란은 slide glass 쪽에 있는 경우가 있어, cover glass쪽에 있는 충란에 초점이 맞추어졌을 경우 slide glass 쪽에 있는 충란은 초점이 맞지 않아 잘 볼 수 없을 수도 있기 때문이다.

(6) 현미경 검경시 egg, oocyst 등의 감별

① 형태적 특징(원형, 난원형, 색깔, operculum 유무 등)

② 크기(size)－현미경을 calibration한 후 알 수 있다.

(형태적으로 유사한 경우 크기의 측정이 감별을 용이하게 한다.)

4) 직접법

(1) 직법 도말법

① 간단한 방법이나 소량의 검체를 이용함으로 검출률이 낮다.

② 검출률을 높이기 위해서는 3~5장의 표본을 만들어야 한다.

③ 커버글라스로 덮을 때 기포가 생기지 않도록 하며 손가락으로 가볍게 눌러 골고루 펴고 문자를 읽을 정도의 두께가 되도록 한다. 먼저 저배율로 검경한다.

소량의 분변을 성냥 가지 끝에 묻혀 슬라이드글라스에 도말한다.

↓

생리식염수나 물을 1~2방울 떨어트린 다음 고루 섞는다.

↓

22 x 22 크기의 커버글라스를 덮는다.

↓

커버글라스가 덮인 전 지역을 검사하여 움직이는 물체나 충란 등의 유무를 검사한다.

↓

요오드 용액을 한 방울 떨어뜨려 스며들게 한 후 다시 검경한다.

- 운동성이 있는 아메바나 편모를 가진 원충들을 검사하는 데 적합하다.
- 최소한 6회 이상 반복하도록 한다.
- 도말할 때의 투명도는 인쇄물이 활자가 보일 정도로 한다

그림 5-3 직접 도말법

(2) 투명 접착테이프법

투명 접착테이프를 직장에 붙였다가 떼어서 슬라이드글라스에 그대로 붙이고 직접 현미경 검사를 한다. 개에게서 편충(*Trichuris vulpis*)의 충란이나 편절을 투명 접착테이프법으로 검사할 수 있다.

5) 부유법

① 수돗물에서의 충란은 보통 가라앉는다.

② 왜냐하면 충란의 비중이 1을 약간 넘기 때문이다.

③ 부유법은 검사용액을 높은 비중액으로 만들고 이보다 낮은 비중의 충란을 부상하게 만드는 방법인데, 보통 선충류의 충란이나 원충의 포낭들은 잘 부유된다. 반대로 간질(Liver fluke)의 충란과 같은 흡충류의 충란은 비중이 상당히 높아 1.30~1.35 정도의 비중을 가진 부유액에서 부유한다. 흔히 사용되는 부유액과 비중은 다음과 같다.

표 5-4 사용되는 부유액과 비중

용액	비중
포화 식염수용액	1.19(20℃)
포화 magnesium sulfate 용액	1.28(15℃)
설탕액	1.12(15℃)
Postassium mecury iodide	1.44(15℃)
Zinc chloride	1.89(20℃)

(1) 질산나트륨 부유법

이 방법으로는 대부분의 선충류 충란의 유무를 검사할 수 있으나, 흡충류, 몇몇 조충류 및 어떤 종류의 선충류는 잘 나타나지 않는다.

콕시듐 및 원충성 낭포 등은 검출되기 어렵다.

① 시약

포화 질산나트륨을 만든다. 용기 바닥에 결정체가 남을 때까지 녹여야 한다.

② 검사법

약 1 g 정도의 분변을 비이커에 담는다.

↓

약 15 mℓ 정도의 포화 질산나트륨을 넣고 잘 섞는다.

↓

거즈 2겹을 두 번째 비이커 위에 덮고
질산나트륨이 섞인 분변을 부어 거른다.

↓

설압자를 이용하여 거즈에 남은 액을 짜낸다.

↓

걸러진 분변액을 원심용 튜브에 꼭대기까지 차도록 붓는다.

↓

10분간 기다린다.

↓

커버글라스를 튜브 끝의 용액에 접촉시켜
부유된 충란들이 커버글라스로 옮겨지게 한다.

↓

커버글라스의 전 지역을 체계적으로 검사한다.

그림 5-4 질산나트륨 부유법에 의한 절차

(2) Sheather's sugar centrifugal flotation

이 부유법으로는 대부분의 선충류 충란, 특히 Trichuris 충란과 원충들의 낭포의 검출이 잘되나, 흡충류나 조충류 충란은 검출이 잘되지 않는다.

선충류 충란은 삼투압으로 인해 뒤틀려 있는 경우가 있고 Giardia의 cyst는 원래의 타원형에서 반달형으로 변한다.

① 시약

Sheather's sugar solution

백설탕	454 g
증류수	355 mℓ
liquified phenol 또는 formalin	6 mℓ

② 검사법

1~3 g 정도의 분변을 포화설탕액 또는 수돗물로 묽은 반죽상태로 섞는다.

↓

두겹의 거즈를 비커 위에 놓고 분변을 거른다.

↓

걸러진 분변액과 포화설탕액을 1: 2로 다시 섞는다.

↓

이 용액을 원심분리용 튜브에 튜브 끝까지 차도록 붓는다.

↓

커버글라스를 튜브 끝에 올려놓는다.
용액이 완전히 커버글라스에 닿아야 한다.

↓

1,500 rpm에서 10분간 원심 시킨다.

↓

커버글라스를 들어내어 슬라이드 글라스 위에 놓고 검경한다.

그림 5-5 Sheather's sugar centrifugal flotation

(3) 포화식염수법

포화식염수의 비중은 1.200이므로 이것보다 비중이 가벼운 충란이나 포낭은 뜨게 된다.

보통 식염을 60℃ 정도의 물에 녹여 포화용액을 만든다.

식은 후 결정이 생기면 잘 만들어진 것이다. 장점은 비중(SG)이 가벼운 충란 검출에 적합하고, saline을 이용하여 간편하고 경제적이다.

단점은 비중이 낮은 충란 검출에 불리하며 삼투압이 높아 난각이 얇은 충란이나 자충 또는 포낭형은 위축, 파괴된다.

① 준비물

Sheather's sugar법과 비슷하나 원심분리기가 필요 없고 포화 설탕액 대신 포화 식염액을 사용한다.

포화식염액은 가온한 수돗물(약 60℃ 정도) 1리터에 식염 300~400 g을 넣어 녹인다.

② 검사법

50 ㎖ 비커에 약 2 g의 신선한 분변을 넣는다.

↓

포화 식염수를 약 30 ㎖가량 붓고
설압자로 분변을 잘게 부수면서 잘 혼합한다.

↓

또 다른 50 ㎖ 비커에 금속망(약 100 mesh)을 놓고
분변을 혼합한 포화식염수를 부어 이물질을 거른다.

↓

비커를 약 30분간 정치시키거나 아니면 15 ㎖ test tube에
혼합액이 튜브 꼭대기까지 올라와 약간 볼록하게 솟아오르도록 한 후
30분간 정치시킨다.

↓

커버글라스를 가검용액 위에 표면장력을 이용하여 살짝 올려놓은 후 커버글라스를 핀셋으로 조용히 들어 슬라이드 위에 올려놓고 검경한다. 튜브에 옮겨 정치시킨 경우엔 커버글라스를 튜브 상층 부위에 살짝 대어 혼합액이 묻게 한 다음 슬라이드 위에 놓고 검경한다.

↓

주의해야 할 사항은 검경하는 데 시간이 너무 많이 걸리면 표본이 건조되고 정치시간이 너무 길면 부상한 충란이 다시 가라앉을 수 있으므로 주의한다.

그림 5-6 포화식염수법에 의한 절차

6) 침전법

(1) Acid-Ether Sedimentation Technque(염산-에테르 침전법)

이 검사법은 분변에서 흡충이나 조충의 충란을 검출하는 데 효과적이다.

① **시약**

15%염산

염산(concentrated)	40 mℓ
증류수	60 mℓ

② **검사법**

1 g의 분변을 2~3 mℓ의 15% 염산 용액과 잘 섞은 후

↓

다시 5~6 mℓ의 염산액을 섞는다.

↓

두 겹의 거즈로 거른 후 원심 분리용 튜브에 넣고
10 mℓ이 되도록 물로 채운다.

↓

3~4mℓ의 Ether를 넣고 마개를 막은 후 20~30초간 세게 흔든다.

↓

1,500 rpm으로 2~3분간 원심시킨다.

↓

마개를 열고 상층에 뜬 이물질들을 제거한 후 상층액을 버린다.

↓

튜브 바닥에 있는 침전물을 현미경으로 검사한다.

그림 5-7 염산-에테르 침전법에 의한 절차

(2) Formalin-Ether Sedimentation(흡충란 검출용)

충란과 포낭을 함께 모을 수가 있고 포르말린용액으로 고정함으로 충란의 파괴가 적고 에테르로 찌꺼기를 부유 분리함으로 침전된 충란이나 포낭을 비교적 깨끗이 관찰할 수가 있다.

장점은 모든 기생충란 분리에 좋으며(원충의 포낭), 황산아연법으로 검출하기 곤란할 때(지방이나 지방산이 포함된 변), 비중이 무거운 충란의 검출 및 표본의 보관에 좋다.

단점은 비중이 낮은 충란은 검출률이 낮다.

① 시약

생리식염수,
10% formalin 용액,
ether

② 검사법

5 g 정도의 분변을 생리식염수 15 mℓ와 섞어 두 겹의 거즈로 거른 후

↓

15 mℓ짜리 원심분리용 튜브에 넣어 1,500 rpm에서 2분간 원심 시킨다.

↓

상층액을 버린 후 다시 물을 가하고 원심하여 상층액이 투명하게 될 때까지
약 3번 정도 같은 조작을 반복한다.

↓

상동액을 버린다.

↓

침전물에 10% formalin액 10 mℓ을 튜브에 넣어 분변과 함께 잘 섞는다.

↓

약 5분 정도 흡충란이 고정될 때까지 기다린 후

↓

3 mℓ의 ether를 넣고 마개를 막은 다음 30초 동안 세게 흔든다.

↓

1,500 rpm으로 2분간 원심한 후

↓

상층에 뜬 이물질과 상층액을 버리고

↓

침전물을 튜브벽에 남은 약간의 액과 섞어
슬라이드 위에 떨어뜨린 다음 검경한다.

↓

1,500 rpm으로 2분간 원심하면 네 층으로 분리된다.
위로부터 에테르, 찌꺼기, 포르말린층이 생기고 기생충란은 최하층에 모인다. 이 방법으로
분변에서 흡충 충란을 검출할 때 효과적이다.

그림 5-8 Formalin-Ether Sedimentation에 의한 절차

7) 혈액기생충의 검사법

필라리아 자충을 제외한 대부분의 혈액 기생충은 혈액 도말 표본을 만들어 메틸 알코올로 고정한 후 Giemsa 염색을 하여 검경하는 것이 가장 효과적이다. Giemsa 염색은 혈액 내 기생충과 봉입체를 검사하는 데 유용한 염색법이다.

(1) Giemsa 염색

① 시약

메틸알코올

Giemsa 염색시약: Giemsa powder 0.5 g을 33 ㎖의 glycerol에 55~60 ℃에서 1~2시간 녹인 후 에탄올 33 ㎖를 가하고 잘 섞어 방치하여 상등액만 상온에서 보관한다.

② 검사법

무수 메틸알코올에 3분간 고정한 후 말린다.

↓

Giemsa 원액 1과 증류수 9를 섞어 만든 염색액을 15~60분간 도포해 놓는다.

↓

수세한 후 유침, 검경한다.

↓

희석된 염색액은 몇 시간 동안만 안정하기 때문에 필요한 양만큼 희석하여 여과 후 사용한다.

그림 5-9 Giemsa 염색절차

(2) Modified Knott's Technique 혈액 내 사상충의 검사법

심장사상충과 같은 혈액사상충을 검사하는 데 효과적이다. 검사방법은 다음과 같다.

① **시약**

2% formalin

1:1,000 메틸렌 블루(methylene blue)

② **검사법**

EDTA나 해파린으로 항응고 처리한 혈액 1㎖을 10 ㎖의 2%의 formalin 액과 섞는다.

↓

1,500 rpm에서 15분간 원심분리한 후 상층액을 버린다.

↓

침전물에 1~2방울의 메틸렌 블루나 new methylene blue액을 떨어뜨리고 섞는다.

↓

염색된 침전물을 슬라이드 위에 놓고 커버글라스를 덮은 후 검경한다. 침전물 모두를 검사하여야 한다.

그림 5-10 Modified Knott's Technique 절차

8) 충란 계산법(Stoll's 희석 충란 계산법)

배출되는 충란의 분포가 대변 내에 고르게 분포하여야 하며, 충란 배출량이 단시일 내에 쉽게 변하지 않아야 한다.

배출하는 충란의 수가 충분해야 한다(구충, 회충, 편충, 간흡충 등).

(1) 준비물

분변 5 g 이상, 유리알, Stoll's flask, Stoll's pipette, microscope, cell counter applicator, slide glass, cover glass, 1/10 N NaOH sol.

(2) 검사방법

Stoll's flask에 56 ml까지 0.1N–NaOH 용액을 넣는다

↓

대변을 채워서 60 ml(약 4 g)로 눈금을 맞춘다.

↓

유리알 넣고 강하게 진탕한 후 방치한다.

↓

Stoll's pipette로 0.15 ml(또는 0.075 ml)을 채취한다.

↓

슬라이드위에 놓고 덮개유리를 덮는다.

↓

검경하여 EPG(egg per gram)를 구한다.

↓

계산방법: 60 ml의 용액 내 4 g이 희석되었으므로 15배
이중 0.15 ml을 채취 15 x 1/0.15 = 100
EPG = 검경된 충란수 x 100

그림 5-11 Stoll's 희석 충란계산법

3. 혈액검사의 원리 및 전혈검사기

1) 혈액검사를 위한 준비사항

혈액학적 검사는 가능하면 채혈 즉시 실시하여야 하며, 2~4시간 내에 실시하지 않을 경우 4℃ 냉장고에서 하룻밤 정도 보관할 수 있다.

이 경우에도 혈소판 수의 측정에는 영향을 줄 수 있음에 유의한다.

하룻밤 냉장 보관하였던 혈액을 분석하는 경우, 즉시 혼합하여 측정해서는 안 되며 반드시 실온에서 30분 정도 정체 후 Coulter mixer로 혼합하여 측정하여야 한다.

응고되지 않은 혈액을 이용하여야 하며 측정 전에 실온에서 약 2분간 Coulter mixer로 잘 혼합시킨다.

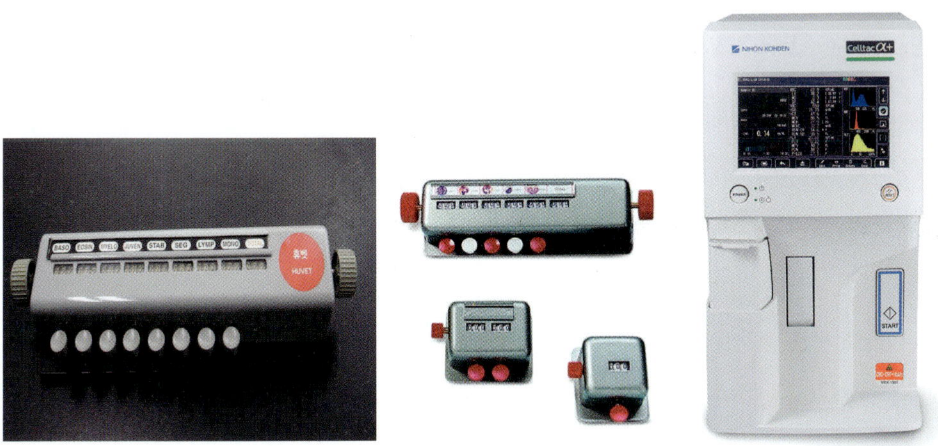

그림 5-12 **혈구검사(좌: 수동카운터, 우: 자동카운터)**

출처: http://www.medicalsk.com

(1) 혈액검사요령

임상적으로 정확하게 진단하기 위해서는 이환 동물에 대한 실험실 검사결과가 중요하다. 또한, 실험실 결과를 정확히 얻기 위해서는 시료의 적절한 채취 및 취급이 필요하며, 적절히 채취된 시료를 바로 실험실로 보낼 수 없다면 요구되는 검사를 수행할 수 있는 방법으로 시료를 저장 또는 보관하여야 한다.

혈액 및 혈청 검사를 통하여 이환 동물의 현재 상태 및 건강상태를 점검할 수 있을 뿐만 아니라, 질환 장기, 질환의 진행상황, 치료에 대한 생체 반응 및 이환 동물의 예후(prognosis)를 판정할 수 있다.

더욱이 정기적인 혈액검사를 통한 건강상태를 점검하는 것은 발생 가능성이 있는 질병의 예방 및 급여되고 있는 사료의 적합성을 점검하게 함으로써 결국에는 생산성을 높이는 데도 기여할 수 있다.

(2) 채혈법

채취한 혈액은 검사항목에 따라 혈액상을 검사하기 위하여 EDTA 처리된 용기에 담고 혈청검사를 위해서는 항응고제를 함유하지 않은 시험관에 담도록 한다.

EDTA가 첨가된 혈액으로는 적혈구, 백혈구, 혈색소 등 포함한 혈액상을 측정하고, 헤파린 처리된 혈액으로는 혈액 pH 및 각 성분의 분압을 측정할 수 있다.

응고제에 따라 혈액상에 영향을 다르게 줄 수 있으므로 사용목적에 따라 선별하여 사용하여야 한다.

반면에 혈청으로 전해질 상태, 대사산물, 지질, 총단백, 미량원소, 중금속 및 효소, 등을 측정할 수 있다.

채혈 시 주의하여야 할 사항

① 채혈 부위를 알코올 솜으로 깨끗이 닦은 후 멸균된 주사기로 채혈한다.

② 젖은 주사기를 사용하거나 진공채혈시험관에 혈액이 충진되기 전에 주사침을 빼내면 적혈구가 파괴될 수 있다.

③ 채혈한 후 즉시 원심분리하거나 빠른 속도로 원심분리할 경우 섬유소 응괴가 생길 수 있다.

④ 채혈 전 충분히 절식시키지 않으면 지방혈증(lipemia)이 일어날 수 있다.

⑤ 동물이 흥분하였을 때 채혈하게 되면 혈액 화학치나 혈구 등에 오차가 생길 수 있다.

⑥ 지방성분이 있는 시료가 채취되는 것을 방지하기 위하여 시료 채취 전 8~12시간 굶긴다.

표 5-5 **동물종별 혈액채취 부위**

동물종	혈액채취 부위
개	노쪽피부정맥, 경정맥
고양이	노쪽피부정맥, 경정맥
토끼	이정맥
기니픽	미정맥
랫트, 마우스	미정맥, 안와정맥총
조류	익정맥

(3) 채혈량

① 1회 채혈한도: 소, 면양, 돼지, 고양이는 6~7 mℓ/kg, 개와 닭은 9 mℓ/kg 정도이다.

② 필요한 만큼 채혈하여야 하나, 일반적으로 소와 말은 100 mℓ, 돼지는 10 mℓ, 개는 2 mℓ 정도이면 생체에는 거의 영향이 없다.

③ 일반적으로 임상검사에 필요한 혈액량은 3~5 mℓ 정도이다.

2) 혈액 취급요령

① 주사기에서 시험관으로 혈액을 옮길 때는 주사침을 뺀 다음 주사기 끝을 시험관 벽에 대고 서서히 흘러내리게 함으로써 용혈을 막아야 한다.

② EDTA등의 항응고제를 포함한 시험관에 채혈한 경우, 혈액이 응고되지 않도록 혈액 교반기를 사용하거나 부드럽게 반복하여 위 아래로 흔들어 준다.

③ 채혈 후 빠른 시간 내에 검사를 하는 것이 좋다.

④ 채혈한 혈액은 냉장고에 보관하여야 하나 혈액이 완전히 응고되기 전에 혈액을 냉장고에 넣으면 혈청분리가 지연된다.

⑤ 야외에서 실험실로 혈액샘플을 이송할 경우 가능하면 냉장 보관하도록 한다.

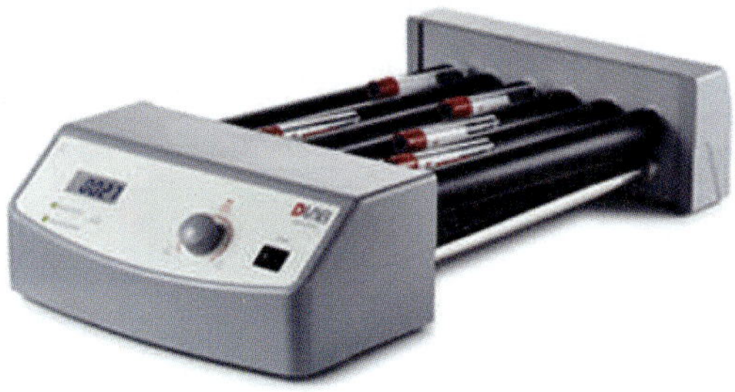

그림 5-13 **혈액 교반기**

출처: https://www.yjcorp.co.kr

(1) 항응고제의 종류

혈액은 체외에서 수분 이내에 응고된다.

그러므로 검사를 위하여 응고를 막기 위한 항응고제가 첨가되어야 한다.

항응고제의 종류 및 특성은 아래 표와 같다.

표 5-6 **항응고제의 종류 및 특성**

항응고제	작용기구	혈액 100 ml에 대한 필요량	장점	단점
Na-EDTA (Ethylene diamine tetra-acetic acid)	불용성 칼슘염을 형성한다.	10~20 mg	보존력이 좋아 6시간 보존 가능하다. 일반 혈액분석에 이용된다. 해파린 보다 혈구요소의 보존에 좋다. CBC, ESR, Ammonia 측정시 사용	나트륨염은 칼륨염보다 잘 녹지 않는다. 혈액 1 ml에 2 mg 이상이 되면 혈구가 위축된다. 위와 같은 단점 때문에 실험실이나 동물병원 현장에서는 K_2-EDTA를 사용한다. K_2(2만 아래첨자)-EDTA는 분말형으로 혈액을 희석시키지 않으며, 세포의 형태 보존에 유리하여 CBC 분석에 적합하다.
헤파린 (Heparin)	항트롬빈 작용 및 항트롬보푸라스틴 작용	1~2 mg	적혈구의 크기와 용혈에의 영향이 가장 적다. 혈액가스분석에 사용된다.	백혈구 파괴가 일어날 수 있다. 백혈구의 염색성을 저해한다. 8시간 이상 응고저지능은 없다.
구연산나트륨 (sodium citrate)	칼슘과 결합하여 불용성의 구연산칼슘을 형성한다.	10~20 mg	수혈용으로 사용할 수 있다. ESR응고인자검사, (PT, PATT) 측정시사용	여러 가지 화학분석검사를 저해한다. 혈구를 수축시킨다.
수산칼륨 (Potassium oxalate)	칼슘과 결합하여 불용성의 수산칼슘을 형성한다.	20 mg	잘 용해된다.	혈구용적의 6~8%를 위축시킨다. 백혈구 백분율 측정에는 부적합하다. 적혈구 분포를 변화시킨다.

(2) 채혈용 용기

① Blood culture bottle(yellow): 혈액배양에서는 어떤 물질로부터의 오염이 없도록 먼저 채혈

② Plain tube(red): 임상화학, 혈청학적 검사를 위한 혈청분리 촉진을 위한 clot activator 첨가(Red/Gray)

③ Coagulation tube(blue): PT, aPTT 등 응고검사 항응고제는 3.2% Sodium Citrate

④ EDTA tube(lavender): CBC 위한 whole blood 사용 항응고제는 K_3 EDTA(액상), K_2 EDTA(분말상)

⑤ SST(Serum Separating Tube) (yellow): 혈청(serum)을 분리가 필요한 생화학 검사와 면역혈청검사에 활용

표 5-7 통상적으로 사용되는 상품화된 진공 채혈관

마개 색	첨가제
Red	None
Red and Gray	Inert polymer barrier material No anticoagulant
Lavender	Na-EDTA
Blue	Sodium citrate
Green	Heparin
Gray	Sodium fluoride

(3) 항응고제의 특성

가. EDTA(ethylene-diamine tetra-acetate-salt)

K－염 또는 Na－염을 사용하는데, 혈액 1 mℓ당 1~1 mg을 첨가한다. Ca^{2+} 등과 강하게 chelate 결합하므로 Ca, K 및 효소활성 측정에는 사용할 수 없다. 혈액 pH는 저하한다.

① 혈액 1 mℓ당 EDTA 2 mg 이상을 사용하면 적혈구의 축소가 일어나 적혈구용적(PCV), 평균 적혈구용적(MCV)이 감소하며, 평균적혈구헤모글로빈농도(MCHC)는 증가한다.

② 혈액 1 mℓ당 EDTA 1 mg을 사용하면 non-protein nitrogen 치가 7 mg/dℓ 증가한다.

나. 헤파린

헤파린(Heparin)은 일종의 다당체인데, 통상 Na^-염 또는 Li^-염을 사용한다. 혈액 1 mℓ당 0.1 mg 정도가 필요하다.

용혈을 일으키지 않으면서 각종 임상화학 검사에 사용할 수 있지만 다당체나 당류 측정에는 부적합하다.

그밖에 HABCA법에 의한 albumin 농도는 감소를 보이고, Na^-염을 사용할 경우에는 Na 농도가 증가된다.

① 백혈구의 응집을 초래하고 도말표본에서는 백혈구의 염색을 방해하기 때문에 혈액 내 세포를 관찰하는 데는 부적당하다.

② 혈액의 pH 측정에 가장 좋다.

다. Fluoride 화합물

혈당측정에서 해당저지제로써 sodium fluoride(NaF)를 사용하는데, 이것은 또한 항응고제로서도 작용한다.

전혈 1 mℓ당 2~10 mg 정도의 NaF를 첨가하여 얻은 혈장을 사용하여 측정하면 amylase는 증가하고, BUN, ACP는 감소한다.

라. Citrate 염

통상 $3Na^-$염을 사용한다. amylase 활성, 혈장 pH, 무기인은 감소하고, Ca 측정은 불가능하다.

마. Oxalate 염

Oxalate 염으로는 ammonium 염, Na^-염 및 K^-염이 있는데, 통상은 ammonium 염과 K^-염을 6:4 용량비로 혼합한 시약, 즉 double oxalate 염(또는 혼합 oxalate염)을 사용하는 경우가 많다.

4. 방사선 진단기

1) 개요

이상적인 방사선학적 진단에는 반드시 양질의 방사선사진이 필요하다.

방사선과는 촬영기술에 관한 기본 원리를 충분히 알고 있지 않으면 안 된다.

검사 시의 동물의 보정법, 노출조건, 격자(grid)와 기타 보조기구의 사용법, 암실 내에서의 조작방법 등을 잘 익혀두지 않으면 방사선사진의 질이 떨어진다.

재현성이 있는 방사선사진을 얻기 위해서는 촬영 조건표에 따라 항상 동일한 방법으로 촬영할 필요가 있다.

일정 기간 내에 반복적으로 방사선사진을 촬영하면서 질병경과를 관찰할 때는 상호 간의 방사선사진을 정확히 비교하는 것이 잘못된 해석을 막을 수 있는 방법이며 이런 경우에도 촬영기술의 일관성이 특히 중요한 조건이 된다.

부적당한 보정방법과 촬영기술 또는 미숙한 암실 내의 조작기술에 의해서 질이 낮은 방사선 사진을 판독하려는 것은 매우 위험한 일이다.

방사선사진이란 조직과 물체를 투과한 X-선속이 X-선 필름 위에 나타내는 음영이다. 일반적인 음영이 형성되는 때의 기하학적 법칙이 방사선사진에서도 성립된다. 따라서 검사할 물체의 거리가 필름에 가까울수록 그 윤곽은 선명하게 되나 반대로 거리가 멀면 음영은 확대되고 또한 뒤틀리고 흔들려서 불선명한 윤곽을 나타낸다.

물체가 X-선원에 가깝게 되면 확대 정도가 크게 되기 때문에 검사할 부위는 될 수 있는 대로 필름에 가깝게 그리고 X-선원과는 표준조건에 합당한 거리(36 내지 40인치)에 위치하여야 한다.

물체를 평면으로 나타낸 음영인 방사선사진으로부터 삼차원상을 이해하기 위해서는 보통 최소한 서로 직각이 되게 다른 두 방향의 표준촬영을 한다.

그러나 방사선사진은 단순한 음영이 아니라 X-선이 직접 체조직을 투과하여 유효

한 X-선이 필름에 작용하여 만들어지는 영상으로서 이때 어느 정도의 X-선은 체내에 흡수되고 또한 일부는 방사선사진에 악영향을 나타내는 산란방사선(scattered radiation)으로 된다.

산란방사선이 필름에 도달하게 되면 방사선사진이 흐려지거나 불선명한 영상을 만드는 원인이 된다.

격자(Grid)를 사용하면 산란방사선을 감소시킬 수 있다.

방사선 사진상에는 신체의 윤곽뿐만 아니라 체내에 존재하는 각 구조도 나타나고 또한 체내기관의 음영과 그것들이 서로 중복상도 나타낸다.

그리고 X-선의 투과율은 물질에 따라 다르다. 즉 뼈와 같은 치밀한 물질은 X-선을 거의 투과시키지 않으나 기체와 같은 저밀도(less dense)의 물질은 대부분의 X-선을 투과시킨다. 그리고 투과 정도가 이들 양자의 중간에 속하는 연부조직과 같은 물질은 X-선이 뼈보다는 많이 필름에 도달되나 기체만큼 많은 양이 필름에 도달되지 않는다.

최근에는 필름과 현상 과정 없이 촬영된 이미지를 실시간으로 컴퓨터로 전송하고 확인할 수 있는 DR(Digital Radiography)을 널리 사용하고 있다.

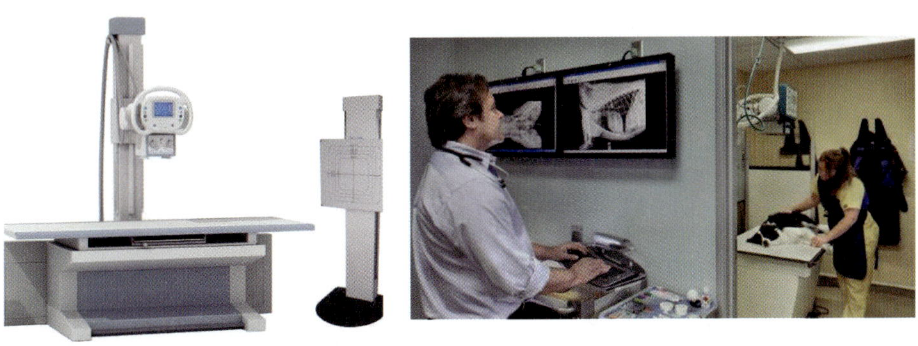

그림 5-14 X-ray 기기, DR(Digital Radiography)

출처: https://kr.made-in-china.com, https://gangnamsamsungos.modoo.at/;
Dr.AnthonyKrawitz,veterinarianandownerofCalusa,isexaminingadigitalx-ray.CalusaVeterinaryCenterisequippedwithdigitalradiography,allowingourveterinariansinBocaRatontoextractthemostinformationfromeachx-rayandeasilytransmitimagestospecialistsforconsultation.

(1) 밀도(Density)

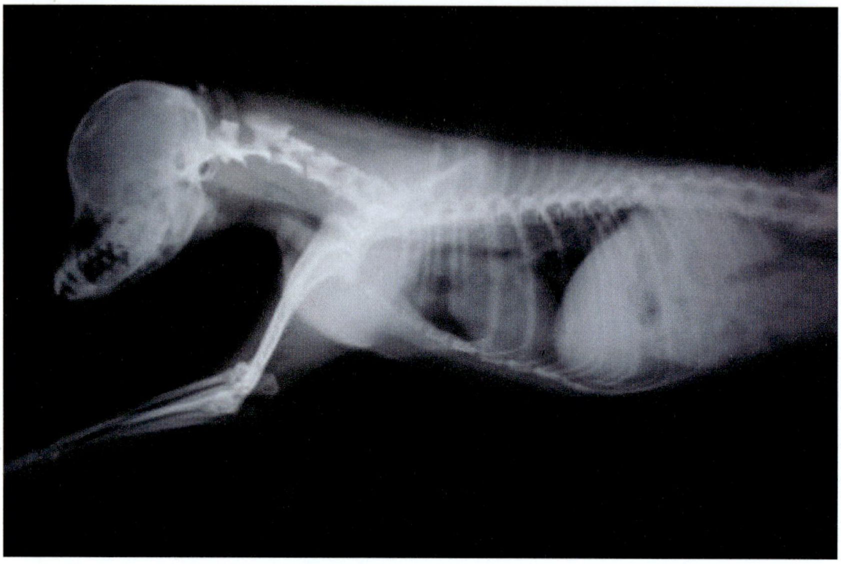

그림 5-15 개의 X-ray 사진

출처: https://www.istockphoto.com

방사선사진은 서로 다른 밀도의 음영이 합성된 영상이다.

물질밀도(subject density)는 체조직이나 기타 물체 등의 용적에 대한 중량의 비율인 것이다. 뼈는 근육보다 밀도가 높고 근육은 지방보다 밀도가 더 높다.

물질의 밀도가 높을수록 X-선의 투과율은 낮아진다.

방사선사진 밀도(radiographic density)란 X-선이 작용하여 생기는 필름의 흑화도(blacking)인 것이다. 즉 X-선이 필름에 도달하면 그 부분은 현상처리(processing) 후 검게 되고 X-선이 도달되지 않은 부분은 반투명(흰색)으로 된다.

이와 같이 흑과 백의 색조합이 이루어져서 명(light), 암(dark) 및 회색(gray) 등의 여러 가지 색조합 영역이 이루어져 방사선 사진상에 나타난다.

그래서 방사선밀도는 물질 밀도에 따르게 되기 때문에 물질밀도가 높을수록 필름에 도달되는 방사선량은 줄어든다.

방사선사진에서 밀도증가(increased density) 부분이랑 정상상태보다 희게 나타난 부분을 뜻한다. 따라서 그 부분의 물질밀도는 정상상태보다 증가되어 있고 물질밀도가 증가된 만큼의 X-선 투과량이 줄어든다.

밀도가 줄어든 영역은 보통보다 검게 되고 물질밀도가 줄어들었기 때문에 X-선의 투과량은 증가되어 필름의 흑화도는 증가하게 된다.

어떠한 물질이라도 X-선 투과를 어느 정도는 방해한다. 거의 대부분의 입사 X-선을 투과시키는 구조를 방사선투과성(radiolucent)라 하며 X-선은 이런 물질을 쉽게 투과하기 때문에 방사선사진은 검게 된다. 반대로 대부분의 입사 X-선을 투과시키지 않는 구조를 방사선비투과성(radiopaque)라 한다.

X-선 투과성 항진(increased radiolucency)이라는 용어는 물질밀도의 저하를 뜻하며 X-선 비투과성 항진(increased radiopacity)이란 물질밀도의 증가를 뜻한다. X-선 투과성 결손(radiolucent defect)이란 조직음영 내에 나타난 X-선 밀도의 감소영역, 즉 물질밀도가 감소되어 있는 부분이다.

광물질(mineral substance)은 밀도가 매우 높아 실제로는 대부분의 입사 X-선을 투과시키지 않기 때문에 이와 같은 물질로 둘러싸인 부분의 음영은 흰색(방사선비투과성)을 나타낸다.

뼈(bone)는 광물질보다는 치밀하지 않으나 기타 체조직보다는 X-선을 투과시키지 않기 때문에 뼈의 음영을 거의 흰색을 나타낸다.

액체(fluid)는 기체보다는 X-선 투과성이 낮으나 뼈와 같이 낮지는 않으며, 뼈 밀도의 흰색과 기체밀도의 검은색의 중간색으로서 방사선사진에서는 회색을 나타낸다.

연조직 밀도의 대부분은 액체에서 유래되는 밀도이기 때문에 액체밀도와 연조직 밀도는 비슷하다.

또한 모든 액체는 같은 액체밀도를 나타내기 때문에 방사선사진 음영에서 혈액,

유미, 누출액 및 삼출액 등을 감별하기란 불가능하다.

지방(fat) 밀도는 액체밀도와 기체밀도 중간에 위치하는 밀도이다. 예를 들면 신장 주위에 존재하는 지방밀도에 의해서 이보다 밀도가 높은 신장과 밀도 차이가 생겨 그 윤곽이 나타나게 되는 것이다.

기체(gases), 즉 공기와 같은 것은 X-선을 자유로이 투과시킨다.

폐와 같이 공기로 충만된 장기는 방사선사진상으로 검게(방사성 투과성) 나타난다.

뼈밀도, 액체밀도, 지방밀도 및 기체밀도 등은 정상적으로 체내의 어디에서나 볼 수 있기 때문에 이들은 생물학적 밀도(biological densities)라고 한다.

체내에 투여한 조영제 또는 이물 등은 광물질 밀도이다.

수평면(fluid level)이란 액체와 기체 사이의 경계면을 의미한다.

수평면은 보통 일정한 구조 내에 액체와 기체가 혼재하는 상태를 수평 X-선속(horizontal beam)으로 입위측면 촬영 시 볼 수 있다. 액체선(fluid line)은 항상 수평방향을 형성한다. 입위측면성(standing lateral view)이란 동물을 세운 상태로 촬영한 측면상을 뜻한다.

(2) 대비(Contrast)

대비란 각 조직의 물질밀도에 따라서 여러 가지 방사선사진 밀도가 생겨난다. 이들 밀도의 차를 대비(Contrast)라 한다. 각 기관음영은 그 주위에 존재하는 조직과의 밀도차가 있을 때만 확인할 수 있다.

다시 말하면 주위와 다른 밀도일 때는 그 음영은 확인할 수 있다. 서로 인접한 조직이 같은 밀도일 때는 개개의 음영을 각각 확인하기란 불가능하다.

(3) 방사선학적 변화(Radiologic Changes)

체조직의 윤곽과 밀도를 알기 위해서는 방사선 사진상에서 관찰되는 정상 조직음영, 즉 방사선해부학(radiologic anatomy)을 잘 알고 있어야 한다.

어떤 조직에서도 360° 모든 방향에서 촬영할 수 있으나 실제로는 이들 모든 방향에서 촬영된 방사선해부학을 다 알기란 힘들기 때문에 결국 몸체의 각 부분의 기본적인 표준상을 촬영하여 검사한다.

보통 표준상은 그 상으로부터 장기의 삼차원구조(three-dimensional impression)를 이해할 수 있도록 서로 직각되게 두 방향에서 촬영한다.

방사선사진의 촬영방향이란, 촬영코자 하는 장기를 1차 X-선의 중심부가 관통되는 부위, 즉 X-선의 입사방향과 출사방향으로 표현하고 있다.

(4) 정의(Definition)

여러 가지 용어가 나타내는 뜻은 다음과 같다.

- **배측**(Dorsal): 머리, 목, 체간 및 꼬리 등의 윗면과 요측수근(전완수근)과 족근하퇴관절 다 원 위에 위치하는 지단부의 두측(앞)면을 표시하는 용어, 또한 배측은 등쪽 또는 척추 쪽을 뜻한다.
- **복측**(Ventral): 머리, 목, 체간 및 꼬리 등의 아래면.
- **두측**(Cranial): 목, 체간 및 꼬리 등의 어느 한 점으로부터 두측 방향에 위치하는 부분을 나타내는 용어이며, 또한 요측수근과 족근하퇴관절보다 근위 부분에 위치하는 사지의 두 측면을 표시할 때도 사용한다.
- **문측**(Rostrl): 머리의 한 점으로부터 비측 방향에 위치하는 부분을 나타내는 용어이다.
- **미측**(Caudal): 머리, 목 및 체간 등의 어느 한 점으로부터 꼬리방향에 위치하는 부분을 나타내는 용어이며 또한 요측수근과 족근하퇴관절 보다 근위부에 위치하는 사지의 미측면을 표현할 때도 사용한다.
- **장측**(Palmar): 앞다리의 요측수근관절에서 원위에 위치하는 지단부의 미측면을 나

타낼 때 미측이란 용어 대신 이 용어를 사용하기도 한다.

- **척측**(Plantar): 뒷다리의 족근하퇴관절 보다 원 위에 위치하는 지단부의 미측면을 나타낼 때 미측이란 용어 대신 이 용어를 사용하기도 한다.
- **근위**(Procinal): 어떤 체구조 중의 기시점에 가까이 위치하는 부분
- **원위**(Distal): 어떤 체구조 중의 기시점에서 보다 머리에 위치하는 부분
- **위쪽과 아래쪽**(Superior and Inferior): 상악과 하악의 치열궁(dental arch)을 기술할 때 사용하는 용어
- **외측**(Lateral): X-선속이 좌우측 어느 쪽에서이건 외측으로 입사하여 반대쪽인 카셋(cassette) 쪽으로 가는 방향.
- **내외측**(Mediolateral): X-선속이 사지의 내측으로 입사하여 외측으로 나올 때 사지의 외측 방사선사진은 내외측 방향 촬영이 가장 많다.
- **외내측**(Lateromedial): X-선속이 사지의 외측으로 입사하여 내측으로 출사할 때
- **횡와위**(Recunbent): 방사선사진 촬영시 동물이 횡와위 상태를 뜻하는 용어. 개와 고양이에서는 대부분의 방사선사진을 이와 같은 자세로 보정하여 촬영한다. 그리고 촬영에 지장을 주지 않는 한 이 위치로 촬영한다.

(5) X-선속의 방향(Beam Direction)

X-선속의 방향은 체내로 입사하는 위치와 체외로 출사하는 위치에 관하여 기술한다.

예를 들면 우-좌외측횡와위상(right-left recumbent view)이란 동물을 좌측횡와위로 보정하고 X-선속이 체부의 우측으로 입사하여 좌측으로 출사하도록 하여 촬영한 상태를 뜻한다. 복배측위(ventrodorsal view)란 X-선속이 복측에서 입사하여 배측으로 나와 필름에 도달하는 위치이며, 배복측위(dorsoventral view)는 X-선속이 입사하는 쪽과 출사하는 쪽이 복배측위와 반대이다.

(6) 촬영기술(Technique)

표준촬영상이란 서로 직각이 되는 방향에서 촬영한 방사선상이다.

각 부위의 일반검사에서는 이 방향에서 촬영한 방사선사진을 이용한다.

가장 일반적인 촬영상은 배복측위(dorsoventral), 복배측위(ventrodorsal), 외측(lateral), 두미측(craniocaudal), 내외측(mediolateral), 배장측(dorsopalmar) 및 배척측(dorsoplantar) 등이다.

그리고 각 표준촬영상에 있어서는 임의의 위치에서 사위상(oblique view)으로 촬영할 때도 있다.

이때는 X-선속이 출입방향을 해부학적으로 표현하는 외에 투사각도도 같이 기술한다.

이와 같이 표현하게 되면 X-선 검사를 정확히 나타낼 수 있게 된다.

즉 L50D-RVO란 좌 50° 배측-우복측 사위상으로서 X-선속을 배측의 좌측에서 정중앙에 대하여 50°의 각도로 입사하여 우복측으로 관통시켜 촬영한 X-선상을 뜻한다.

(7) 약어(Abbreviations)

방사선사진에 관한 일반적인 약어는 다음과 같다.

약어	뜻	약어	뜻	약어	뜻
Le.	좌측	Rt.	우측	D.	배측
V.	복측	Cr.	두측	Cd.	미측
R.	문측	M.	내측	L.	외측
Pr.	근위	Di.	원위	Pa.	장측

(8) 조영제(Contrast Media)

진단 보조 목적으로 조영제를 사용하는 때가 많다.

조영제에 의해서 정상적 단순 방사선사진으로는 확인할 수 없는 기관 또는 확인하기 곤란한 체구조를 나타낼 수 있다.

양성조영제(positive contrast media)는 X-선비투과성 물질로써 이를 체내에 투여 시 이 물질을 함유하는 장기의 윤곽이 나타나게 된다.

그리고 X-선 투과성인 이물질이거나 정상적으로 볼 수 없는 구조물이 나타날 수가 있다. 음성조영제(negative contrast media)는 기체로서 체내에 투여 시 그 함유 영역의 대비(contrast)가 증가한다.

이와 같이 음성조영제인 공기는 방광에 투여하는 경우가 많고, 또한 이산화탄소를 복강 내에 투여하여 복강장기의 음영을 명확히 나타나게 하는 등 음성조영제도 양성조영제와 같은 목적으로 투여된다.

충만결손(filling defect)이란 속빈 장기의 관강 내 종괴(mass)가 돌출해 있을 때 그 부위를 조영제가 충만되지 않아 생기는 음영이다.

(9) 방사선사진 판독(Viewing the Radiograph)

동물의 해부학적 이유 때문에 방사선사진을 투과하는 빛은 꼭 같지가 않고 체조직의 엷은 부위는 두터운 부위보다 빛의 투과성이 감약되기 때문에 어둡게 비친다.

(10) 계통적 판독법(Systematic Approach)

방사선과 전문의는 계통적이 판독법에 따라 방사선사진 검사를 하여야 한다.

이와 같은 방법에 의해 예상된 영역뿐만 아니라 필름 전체를 확실히 검사할 수 있게 된다. X-선 검사에서는 검사 전 예상한 부위와 다른 부위에 병변상이 나타나는 수가 많기 때문에 계통적으로 판독을 하지 않으면 이와 같은 병변 부위를 발견 못할 때가 있다.

방사선사진을 잘 판독하기 위해서 몇 가지 단계를 거치면서 관찰하여야 한다.

첫 단계는 방사선 사진상에 관찰되는 모든 체구조를 확인하고 그 음영이 이상인 때는 그 소견을 기록하여 둔다. 제2단계는 확인된 이상소견에 대한 진단목록을 작성한다.

제3단계는 이들 질병목록에 다른 임상검사소견이나 보조적 검사의 검사결과를 연관시키고, 최종단계에 모든 소견을 고려하면서 가장 가능성이 높은 질병의 순서대로 목록을 작성한다.

최종단계는 모든 소견을 고려하면서 가장 가능성이 높은 질병의 순서대로 목록을 작성한다.

진단을 뒷받침하는 사진소견이 많으면 그만큼 진단의 신뢰성이 높아지지만 특징적인 소견 한두 가지만 확인한다거나 이전에 본 적이 있다는 이유로 즉흥적 진단을 하게 되면 오진을 범할 우려가 있다.

방사선사진을 완전하게 정확히 판독할 수 있는 능력이란 많은 경험과 미세한 부분까지 주의 깊게 관찰하는 것이다.

5. 초음파 진단기

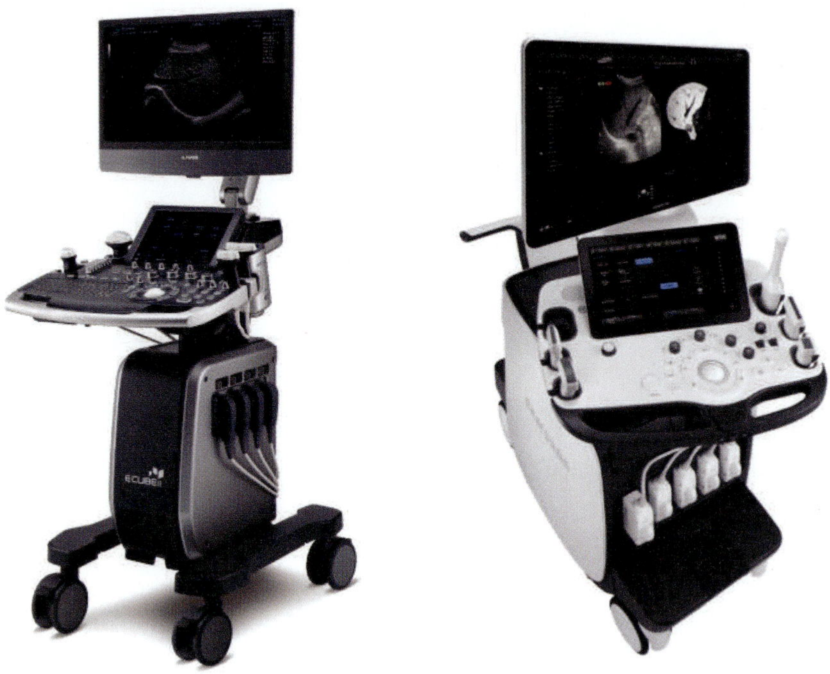

그림 5-16 **초음파 진단기**

출처: https://www.fnnews.com, https://www.medigatenews.com

초음파검사는 인간의 가청 범위 밖인 20,000 Hz 이상의 음파를 이용해서, 생체 내부의 조직 간 밀도 차에 의해 생기는 반사파를 받아 영상화하는 검사이다.

이는 어선에서 초음파를 이용해 고기떼를 찾는 것과 같은 원리로서, 뼈나 폐, 장내 공기층 등은 투과하기 어려워 검사할 수 없지만 그 밖의 부위에서는 광범위하게 이용되고 있다.

최근에는 도플러효과를 이용해 혈관의 혈류 방향, 혈류 속도, 혈류량을 알 수 있게 되었다. 또한 초음파영상에 의해 원하는 정확한 병변에 대한 조직검사도 시행할 수 있다.

① 가청 주파수(20~2000 Hz) 이상의 음파
② 진단장비: 2~13 MHz
③ 속도차(예: 조직의 밀도차)에서 음향계면 형성
④ 주파수가 낮으면 투과력은 높고 해상도는 낮다.
⑤ 주파수가 높으면 투과력은 낮고 해상도는 높다.
⑥ 공기 중에서는 완전산란
⑦ 물은 완전 투과

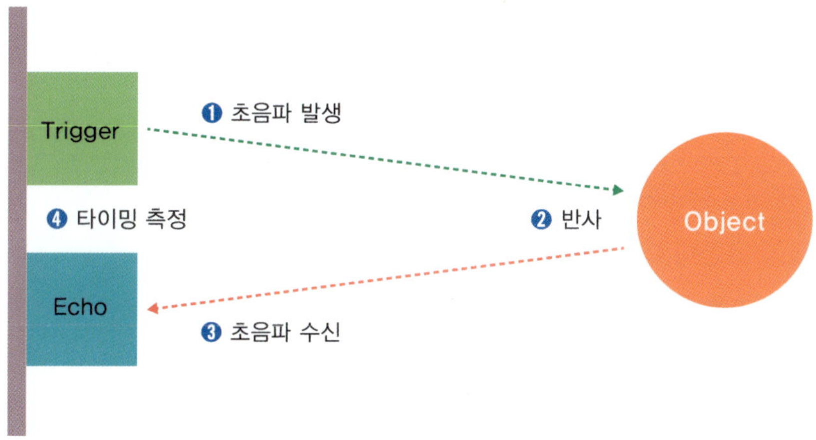

그림 5-17 초음파 원리

1) 초음파 MODE

B-mode

bright mode(2차원)

밝기와 어둡기를 256단계로 표현

real time image 구현 가능

내부장기의 구조, 조직변화 평가 시 이용

M-mode

motion mode(1차원)

운동성의 평가

태아 심박수 및 심장의 계측

D-mode

doppler mode(1차원, 소리 표현)

혈액의 흐름방향을 그래프화 표현

혈관의 확인, 혈액의 역류, 속도, 박출량 등 계산가능

C-mode

color mode(2차원)

혈액의 흐름방향을 색깔로 표현

Echocardiography로 이용

2) PROBE의 종류

(1) 형태에 따른 분류

① Linear - 복부용, 직선

② Convex - 복부용, 부채꼴

③ Sector - 심장용, 점, 기계식, 전자식

(2) 주파수에 따른 분류

① 고주파(6~13 MHz) - 근거리, 해상도 ↑

② 저주파(3~5 MHz) - 원거리, 투과력 ↑

(3) 용도에 따른 분류

① 복부용

② 심장용

③ 직장(rectal)용

④ 질(virginal)용

3) 초음파의 장단점

(1) 장점

신속, 비침습, 단순, real time 진단 및 사용이 용이하다.

- 임신진단, 복강 이물(종양, cyst), 복수, 심장, 안과, biopsy 등에 적용

(2) 단점

비특이적, 주관적이며 진단범위가 좁다, 위장관 내 가스 장애 시 문제

(준비사항: 12시간 절식, 오진, 해부학적 지식, 초음파의 원리 이해)

4) 진단을 시작하기 전

다른 진단 장비를 사용할 때처럼 초음파검사도 항상 일정한 순서에 따라서 체계적으로 검사해야 한다.

- 다른 진단 장비에서처럼 감별진단에서 애매하게 중복된 부분이 있을 수 있지만 가능성이 있는 질병을 비교적 높은 정확도로써 감별할 수 있다.
- 초음파검사는 문제가 발생한 장기뿐만 아니라 다른 병변까지 비외과적으로 찾을 수 있다.
- 생검할 때 초음파의 안내를 받으면 유용하다.
- 초음파검사는 장기 상호 간 상대적인 밝기를 비교해서 진단한다.
- 따라서 환축에게 진정제를 사용한다면 상대적인 밝기가 변할 수 있기 때문에 오진할 수 있다.
- 가능하면 진정제를 사용하지 않고 진단해야 한다.
- 동물은 불행히도 사람과 달리 검사자의 지시에 따라서 호흡을 멈추지 않는다. 따라서 흡기와 호기와의 사이에 순간적으로 호흡을 멈출 때 선명한 화상을 얻어야 한다.
- 만약 호흡을 심하게 헐떡거리면 손으로 입을 막거나 손가락으로 수초 동안 코를 막을 수도 있다.
- 호흡수가 증가한 small-breeds와 고양이에서 동물용 초음파진단기가 제공하는 Cine loop은 아주 유용하며, 특히 심박수가 빠른 개와 고양이의 심장진단에서 더 그렇다.

고에코(hyperecho) 저에코(hypoecho)는 동일한 화상에서 상대적인 밝기를 비교할 때 사용하는 용어이다.

- 고에코는 초음파의 반사량이 더 많은 경우이며 더 밝게 나타난다.
- 저에코는 초음파의 반사량이 더 적은 경우이며 더 어둡게 나타난다.
- 무에코는(anecho) 초음파가 반사되지 않은 경우이며 검은색으로 나타난다.

뼈, 가스, 콜라겐(예: 특히 어린 개의 전립선), 지방(예: 비만한 경우)은 초음파의 반사량이 많기 때문에 아주 밝게 나타난다.

연부조직과 가스와의 경계에서(예: 장내 가스) 약 99%의 초음파가 반사된다. 연부조직과 뼈와의 경계에서 약 30%의 초음파가 반사되며 나머지는 뼈에 의해서 흡수된다. 초음파가 조직을 통과하는 동안 방해물을(예: 장내 가스) 만나지 않도록 탐촉자를 적절히 위치시켜야 한다.

이러한 적절한 탐촉점이 음향창(acoustic window)이다.

액체 매질에서는 초음파가 거의 모두 통과하기 때문에 검게 나타난다.

표 5-8 생체 조직의 Echogenicity 비교표

* hyperecho(고에코)------------------------white, 반사	
뼈, 가스	
혈관 벽, 구조성의 지방	
Renal sinus	
전립선	
비장	
저장성 지방	gray
간	
신피질	
근육	
신수질	
담즙, 뇨	
* anecho(무에코)-------------------------black, 흡수, 투과	

5) 유용한 허상(artifacts)

초음파 화상에서 약 50%까지 허상이 나타날 수 있다.

허상은 혼돈을 초래하지만 비정상적인 구조물을 특징짓는 데 유용할 수 있다. 거짓(pseudo) 경계 또는 거짓 mass가 허상에 의해서 나타날 수 있고, 이러한 경우 거짓 mass가 원위벽(back wall)을 가지지 않는다는 사실을 기억하고 있으면 실제(real) mass와 거짓 mass를 더 쉽게 구분할 수 있다.

허상에 의한 조롱을 피하려면 pin-pointing, fanning, sliding을 적절히 혼합해서 진단해야 한다.

(1) 음향음영(acoustic shadowing)

발사되었던 초음파가 모두 반사되거나 흡수되었을 때 반사체의 후방에서 나타나는 어두운 영역이며, 예로써 결석, 연부조직의 골이영양증(예: 신장실질에서 Ca 침착, osteodysytrophic mineralization), 결장 내 가스를 열거할 수 있다.

(2) 음향증강(acoustic enhancement)

탐촉자에 더 가까이 위치한 근위(proximal) 조직이 초음파를 흡수 또는 반사하지 않는 경우 더 멀리 위치한 원위(distal) 조직이 더 밝게 나타난다.

예로써 방광, 담낭, 난소낭종, 신장낭포, 복수증을 열거할 수 있다.

(3) 다중반사허상(reverberation)

만약 발사된 초음파가 조직 간 경계에서 100% 모두 반사된다면 초음파화상에서 고에코 bands가 일정한 간격으로 나타난다.

다중반사는 아주 강하게 반사하는 경계면과 탐촉자와의 사이에서 반사되었던 초음파가 왕복운동을 반복하기 때문에 나타난다.

예로써 위장 내 가스, 금속, 유리에 의한 반사를 열거할 수 있다.

(4) 경면허상(mirror image)

횡격막과 탐촉자 간 다중반사가 방생해서 횡격막 아래에서 간의 허상이 나타난다.

(5) 식빵허상(slice thickness)

Slice thickness는 임상가를 dilemma에 빠지게 할 수 있다.

탐촉자에서 발사된 초음파는 기술적인 한계 때문에 일정한 두께를 가진다(마치 식빵을 썰어놓은 것처럼). 따라서 근접한 2개의 조직이 동시에 스캐닝된 결과 초음파 화상에서 2개 조직이 평균화되어서 나타난다.

이러한 경우 검사하고자 하는 장기에 실제로 존재하지 않는 거짓 구조물이(예: 담낭 앙금) 엉뚱하게 나타날 수 있으며 때때로 거짓 mass가 나타날 수도 있다.

(6) 굴절허상(edge shadow or refraction)

초음파가 낭포의 측면 경계에서 굴절된 경우 굴절된 곳의 후방에서 직선형 음향영이 나타난다. 이러한 직선형 음향음영은 굴절된 곳의 후방에서 초음파가 결손된 결과 나타난다. 예로써 방광과 담낭의 측면 경계에서 나타날 수 있다.

(7) 공간점유성 mass: 진성낭포의 정의

mass는 내부 구조에 따라서 solid 유형(연부조직)과 cyst 유형(fluid 저류)으로 분류할 수 있다.

Solid 유형은 음향증강(acoustic enhancement)를 수반하지 않지만 cyst 유형은 뚜렷한 음향증강을 가진다. 음향증강은 mass의 내부에 액체가 저류되었음을 암시한다.

반면 음향음영(acoustic shadow)은 mass의 내부에 심한 석탄증 또는 가스가 존재함을 암시한다. mass가 관찰되면(echo의 정도가 알려진) 표준장기(개에서 비장실질, 고양이에서 falciform ligament) 또는 인접한 장기와의 상대적인 밝기를 비교해서 진단할 수 있다.

mass의 구조가 혼합형인(complex or mixed type) 경우 mass의 내부 구조가 복잡하기 때문에 음향증강과 음향음영이 동시에 나타날 수 있다.

초음파 화상을 이용해서 혈종, 육아종(granuloma), 종양을 구분할 수 없으며 병력과 주위 장기를 관찰하는 것이 중요하다.

6) 초음파검사의 종류와 특징

초음파는 생체에 해가 없는 검사로 태아, 생식기, 신생아에도 할 수 있는 검사이다.

따라서 복부, 골반부, 갑상선, 유방, 사지 및 경부 혈관, 전립선, 고환, 산전 태아, 신생아 두뇌 등 광범위한 부위를 검사할 수 있다.

이 중 복부초음파 시에는 금식이 필요하고, 골반초음파 시에는 방광을 채우는 조치를 해야 하며 그 밖의 부위의 검사는 특별한 준비가 필요치 않는다.

각각의 초음파검사 방법은, 복부초음파 시는 초음파기계를 배에 대고 검사하며. 전립선초음파 검사는 항문과 직장으로 막대 모양의 초음파기계를 넣어서 검사하게 된다.

자궁과 난소질병 등 암컷의 골반부초음파 검사 시에 방광을 채워야 하므로 소변을 참아야 하는 경우가 있다.

그 밖의 부위 초음파검사 시에는 별도의 주의가 필요하지는 않다.

초음파영상 유도 하에서 조직검사를 하면 검사의 정확성을 높일 수 있고 검사 직후 출혈 등의 합병증을 즉시 발견할 수 있는 장점이 있다.

7) 간, 담낭, 췌장, 신장 보는 복부초음파

상복부 초음파(Abdominal ultrasonography)는 복부에 초음파를 쏜 후 복강 내 장기로부터 반사되는 에코(반사파)를 수신하여 장기의 영상을 나타내게 하여 병변 부위를 진단하는 검사로서 간, 담낭, 췌장, 신장 등 복부 내 장기의 병변 부위를 관찰하고 진단한다.

❙ 검사로 알 수 있는 질환

간경변, 담낭 결석증, 담낭염, 담낭암, 췌장염, 췌장암, 수신증, 신장암, 난소종, 난소암, 자궁근종, 자궁암, 복수, 대동맥류, 전립선비대 등 복부의 여러 질환을 알 수 있다.

6. 자기공명영상(Magnetic Resonance Imaging, MRI)

자기공명영상은 강한 자기장 내에 위치시킨 몸에 라디오파를 전사해서, 반향되는 자기장을 측정하여 영상을 얻는 진단검사를 말한다. Magnetic Resonance Imaging을 줄여서 흔히 MRI라고 한다.

1) MRI의 작동원리인 초전도기술(superconductivity technology)

'초전도기술'은 물질을 극저온 상태로 냉각하여 전기저항이 0에 가까워지는 초전도현상을 이용하는 기술이다. 초전도 물질, 즉 초전도체[1)]는 높은 자기장에 놓이거나 전류를 어느 정도 이상으로 높이면 갑자기 초전도성이 없어지고 보통의 상전도(常電導, constant conductance) 상태가 되어 버린다. 1911년 네덜란드의 물리학자 헤이커 카멜링 온네스(Heike Kámerlingh Onnes, 1853~1926)[2)]가 극저온 상태에서 쓸 수 있는 온도계를 찾는 과정에서 우연 발견한 것이 초전도 물질이었다.

1) 물질은 기본적으로 전기적 저항에 따라 도체(Conductor)와 부도체(Insulator)로 나눌 수 있다. 도체란 열 또는 전기의 전도율이 큰 물질인 구리나 철 등의 금속과 같은 물질을 의미하고, 부도체란 열 또는 전기의 전도율이 비교적 작은 물질인 나무, 돌과 같은 세라믹 산화물들을 말한다. '초전도체(superconductor)'는 이러한 여러 가지 도체 중에서 통전전류에 대한 전기저항이 전혀 없는 완전도체라 할 수 있다.
2) 초전도 현상은 네덜란드 Leiden 대학의 카멜링 온네스(Kamerlingh Onnes, 1853~1926) 교수에 의해 처음 발견되었다. 온네스는 저온에서의 금속의 저항을 연구하였고, 해당 공적으로 1913년에 노벨 물리학상을 수상하였다.

그림 5-18 **초전도 현상**

출처: https://www.dentalarchive.tv/news/articleView.html?idxno=4625

영하 269도에서 수은의 전기저항이 완전히 없어지는 현상을 발견하고 이를 '초전도'라 불렀다. 초전도 상태에서는 전기저항이 '0'으로 만들어짐으로 인해 전력 손실을 없애고 낮은 전압으로도 송전이 가능하다.

초전도 상태는 전기자동차나 자기부상열차가 다니기 편한 환경이며, 초전도체는 전기저항이 전혀 없어 일반 도체와는 달리 전류를 흘려보내도 손실 없고 또 많은 양의 전류를 통할 수 있다. 초전도 장치는 강력한 자기력선 그물망을 이용하여 초고온의 플라스마를 가두고 핵융합 반응이 일어나도록 유도하는 장치가 된다.

2) 자기공명영상(Magnetic Resonance Imaging, MRI)

1946년 미국의 물리학자들인 필릭스 블로흐(Felix Bloch)와 에드워드 퍼셀(Edward Purcell)은 강한 자기장에서 핵에 특정한 주파수의 마이크로파를 발사하면 핵이 공명을 일으킨다는 사실을 발견하였다.

자기공명영상은 강력한 외부자장을 갖는 마그넷(Magnet) 내에 있는 고주파(Radio frequency) 에너지를 몸 안의 관심 영역에 가하여 관심 신체 부위에 있는 수소원자핵을 공명시켜 해당조직으로부터 나오는 신호를 측정해 컴퓨터로 재구성하여 단면 및 3차원 영상화하는 진단 장치이다.

자기공명영상 장비는 X-선 장비와는 달리 **방사능 위험이 전혀 없다**. 자기공명영상 장치를 작동시킬 때, 가장 중요한 장치가 바로 자석인데, 질 좋은 영상을 얻기 위해서는 자기장이 강하고 균일해야 한다. 이런 이유 때문에 주로 초전도 코일을 이용해 만든다. 하지만 극저온을 유지하기 위해 액체 질소와 액체 헬륨을 주기적으로 공급해 주어야 한다.

현재 자기공명영상 장비에 들어가는 자기장은 약 2테슬라 정도이며, 최근에는 3테슬라의 자기장을 사용하는 장비도 나왔다. 이것은 지구 자기장의 세기에 비해 약 4만 배에서 6만 배 정도로 강한 것이다.

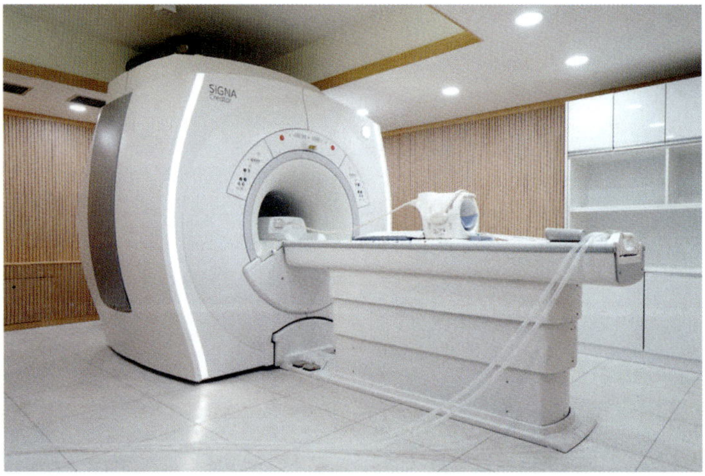

그림 5-19 자기공명영상(Magnetic Resonance Imaging, MRI) 장치

출처: http://www.haemaru.co.kr

만약, 실수로 주머니에 열쇠, 가위, 또는 작은 금속을 가지고 자기공명영상 검사실에 들어가면, 순식간에 초전도 자석으로 끌려가서 몸에 심각한 상처를 입을 것이며, 신용카드, 버스카드 등 자기기록 방식을 사용하는 모든 물건을 가지고 자기공명영상 검사실에 들어간다면, 해당 데이터가 모두 지워져 못쓰게 된다.

환자가 심장 페이스메이커(pacemaker)를 달고 있는 상태에서 자기공명영상 검사실에 들어가 자기공명 영상을 찍으면 절대로 안 되며, 자석이 페이스메이커를 망가뜨릴 수 있기 때문에 자기장이 센곳은 가지 말아야 한다. 또한 심장 페이스메이커 이외에도 인간이나 동물의 몸속에 금속물질을 이식한 경우인 신경 자극기계, 기계식 심장판막, 인공 달팽이관을 설치한 사람도 검사가 제한될 수 있다.

사람이나 동물의 몸은 전류에 대해서는 위험한 반응을 보이지만, 자기장에 대해서는 덜 민감한 것 같다. 지금까지 수 테슬라 정도의 강한 자기장에 몸을 노출시켰다고 해서 **생물학적 위험이 발견되진 않았다.** 의학적으로 사용이 허가된 자기장의 세기는 약 2테슬라를 넘지 않는다. 하지만 임신 초기 3개월 이전에는 태아의 세포 복제와 분열이 가장 빠르게 일어나는 시기이므로 임산부는 특별한 경우를 제외하고는 자기공명영상을 촬영해서는 안 된다. 어쨌든 초전도기술은 의료용 기기인 자기공명영상 촬영장치에 사용되고 있으며 병원에서 사용하는 자기공명영상 촬영장치 결과는 초전도체가 없다면 실용화하기 매우 어려웠을 것이다.

자기공명영상검사는 인간과 동물 몸의 횡단면[3], 시상면[4], 관상면[5]을 자유롭게 얻을 수 있으며 사람의 소화기관, 연부조직 및 근골격계 질환 및 신경계 등 광범위한 영상진단에 이용되고 있다.

일반적으로 자기공명영상검사는 장치 특성상 검사 시 큰 소음이 나는 것 이외에는 검사로 인한 통증이나 부작용이 없으나 검사시간이 타 검사대비 길어서 약 30분~40분 정도가 걸리고, 작은 움직임에도 매우 민감하여 검사 중 움직이지 않아야 하는 불편함이 있다. 자기공명영상검사는 거의 모든 질환의 진단에 사용이 가능하며, 특히, 각종 암, 뇌혈관질환, 심장질환에 광범위하게 사용된다.

---

3) 수평면(transverse plane) 또는 횡단면(horizontal plane)은 인간과 동물의 몸을 해부학적으로 나누는 면으로 몸을 상하로 나누는 면들이다.
4) 시상면(sagittal plane) 또는 전후면(anteroposterior plane)은 인간과 동물의 몸을 해부학적으로 나누는 면으로 몸을 좌우로 나누는 면들이다.
5) 관상면(frontal plane) 또는 전두면(coronal plane) 또는 좌우면(lateral plane)은 인간과 동물의 몸을 해부학적으로 나누는 면으로 몸을 전후로 나누는 면들이다.

3) 자기공명영상검사 준비사항

- 복부 소화기계인 간, 신장, 췌장검사, 비뇨기계 및 부인과적 하복부 검사는 6시간 이상 금식이 필요하다.
- 금속물질을 이식하였거나 금속성 파편을 몸 안에 갖고 있는 사람이나 동물은 검사가 제한되므로 검사 가능성 여부를 상의하여야 한다.
- 임신 중이거나 임신 가능성이 있는 사람이나 동물은 검사의 장점과 상대적인 위험을 고려하여 상의 후 결정해야 한다.
- 폐쇄공포증이 있는 경우 수면 검사 방법이 있으므로 상의하여야 한다.
- 검사 당일 8시간 금식이 필요하고, 검사 시 보호자 동반이 필요하다.
- 검사 전 금속성 기기 및 소지품은 검사실 내로 반입이 불가하므로 별도의 장소에 반드시 보관해야 한다.
- 보관하여야 할 것들에는 보청기, 틀니, 머리핀, 벨트, 등산용 모래주머니, 시계, 열쇠, 지갑, 카드, 휴대전화, 검사 시 입을 옷에 붙어 있는 금속 장식물
- 환자의 목줄, 인식표 등을 제거함
- 체내 삽입된 마이크로 칩으로 인해 허상이 생길 수 있기 때문에 촬영 전 제거함
- 체내 금속 물질 등(골절 고정핀 등)이 장착되면 위험
- 환자는 전신 마취가 필요함
- 조영제 투여함
- 장비 검사 이전 충분히 온도가 올라가야 함
- 검사 부위에 맞게 Table 내에 환자 자세 잡고 촬영
- 검사 부위에 맞추기 위한 조영제, 담요, 쿠션이 필요함

4) 초전도기술을 의학 진단에 응용

초전도기술을 응용하여 의학 진단에 기술로 사용하면, 그동안 조기 진단이 불가능했던 돌연사, 허혈성 심근, 부정맥, 태아의 심장기능뿐만 아니라 간질, 노인성 치매 등 뇌기능 이상에 따른 뇌질환 등을 정확히 예측할 수 있다. 초전도 기술은 핵자기공명장치, 전자현미경에 응용하며, 정밀 뇌파계, 심전도 등에도 응용할 수 있다.

7. 컴퓨터단층촬영장치(Computed Tomography, CT)

CT란 Computed Tomography의 약어로 X-선을 투과시켜 그 흡수 차이를 컴퓨터로 재구성하여 단면영상(Cross-sectional Image)을 얻거나 3차원적인 입체영상을 얻는 영상진단법이다.

1) CT의 원리

CT는 컴퓨터를 이용하여 계산 및 영상을 재구성하므로 5 mm 이하의 아주 작은 조직의 밀도 차이를 구별할 수 있어, 질병의 조기진단과 함께 그 구성성분까지도 확인할 수 있다.

2) 조영제

대부분의 CT검사에서는 병소부위의 대조도를 증강시키거나 농도차를 강조하여 의심병소의 윤곽이나 형태를 명료하게 나타내기 위하여 정맥혈관에 조영제를 주입하면서 검사한다. 그리고 복수 CT의 경우에는 검사 약 30분 전과 검사시행 직전에 물을 마셔야 한다. 이는 정상조직과 병변을 구별하여 정확한 진단을 하기 위함이다.

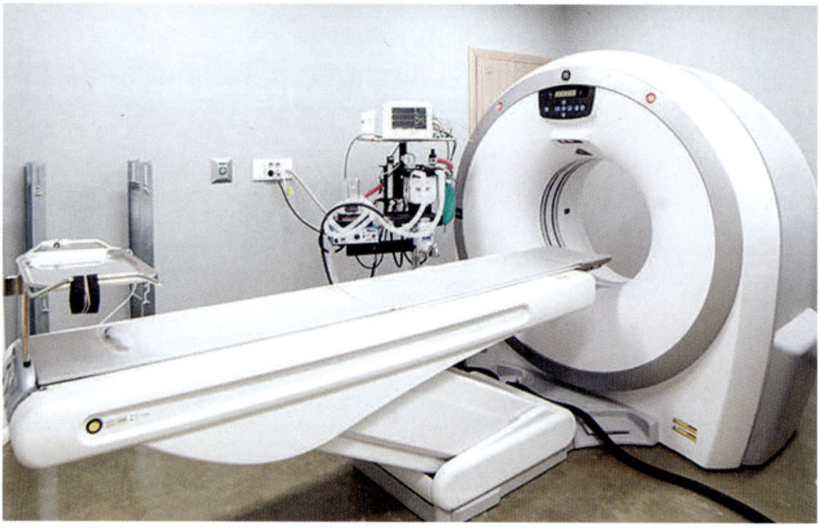

그림 5-20 컴퓨터단층촬영장치(CT)
출처: https://www.24onnuri.com

3) 흉부 CT

흉부(Chest) CT는 폐 실질조직 내의 질환과 작은 크기의 폐 결절(Nodule) 진단, 그리고 기관지 부위의 병변진단을 위해 시행하며 폐암의 유무 및 크기 파악, 병기 결정,

타 장기로의 전이 여부를 파악하기 위해 시행하는 검사이다. 흉부 CT는 폐 질환의 관찰을 주 목적으로 혈관조영제를 주사하지 않고 시행하는 고해상능 폐 CT(HR Lung CT)와 혈관조영제를 주사하고 폐뿐만 아니라 폐암을 비롯한 종격동 부위의 질환이나 림프절의 크기 등의 진단을 주목적으로 시행하는 조영증강 흉부 CT로 크게 구분된다. 고성능의 다중 채널 검출장치(Multi-detector CT)의 도입으로 약 10초 동안의 1회 호흡정지만으로 흉부 전체의 CT 데이터를 얻을 수 있다. 고 해상능의 횡단면 및 관상면의 영상 재구성을 통하여 5 mm 이하의 작은 결절도 발견이 가능함으로써 만성 폐질환의 발견과 진단이 용이해졌다.

4) 복부 CT

복부(Abdomen) CT는 위, 간, 담낭, 췌장, 신장 등의 상복부와 대장, 방광 등의 하복부 소화기계 질환의 진단에 유용한 검사이다. 또한 상하복부 및 주변 혈관질환의 진단이 가능하며, 각종 암의 경우 병변의 정확한 위치와 크기 파악뿐만 아니라 병기 결정(Staging)과 다른 복부 장기로의 전이 여부를 파악하는 데 필수적인 검사이다. 고성능의 다중 채널 검출 CT의 도입으로 1회의 호흡 정지 중에 전체 복부의 고화질 데이터를 얻는다. 얻어진 횡단면 영상 데이터를 이용하여 관상면과 시상면의 영상 재구성을 시행함으로써 입체적인 정밀 진단을 시행한다.

5) 3차원 혈관조영 CT 및 심장 관련 CT

3차원 혈관조영 CT(CT Angiography)는 빠른 검사 속도를 갖는 다중 채널 고속도 CT를 이용하여, 조영제 주사 후 각 부위 혈관에 조영제가 최대로 증강되는 시간에 신속하게 검사를 시행한다. 혈관의 동맥류(Aneurysm)나 정맥류(Varix)의 진단을 가능케 하며 혈관의 개통성 유무 및 협착 정도를 입체적으로 평가한다.

심장 및 관상동맥 CT검사는 연속적으로 운동하는 심장의 기능 및 관상동맥 이상 유무를 관찰하는 검사이다. 관상동맥의 석회화 유무, 혈관의 개통성 및 협착 정도, 심장 기능영상 등 심장계통의 질환 정보를 다양하게 제공한다.

6) CT 촬영 검사 관련 주의사항

- 혈관 조영제를 사용하는 CT 검사는 8시간 이상의 금식
- 검사 전 환자의 착용한 옷이나 목줄을 제거
- 전신 마취가 필요함
- 마취기와 조영제 자동 주입기를 확인함
- 담요 이용하여 환자가 검사 동안 체온 떨어지지 않게 함

8. 화학분석기, 혈액분석기, 요침사분석기

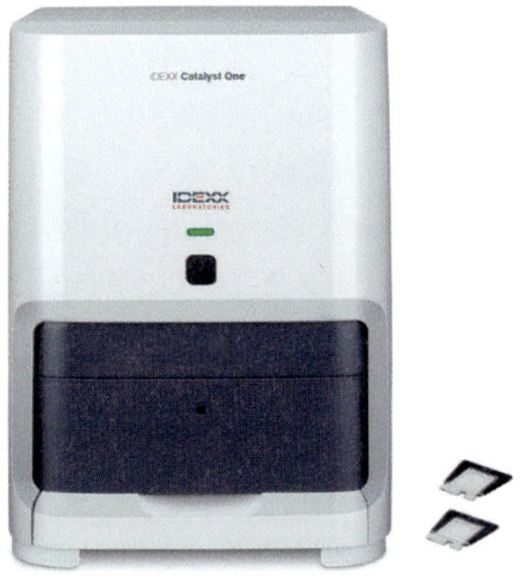

그림 5-21 화학 분석기

Catalyst One 화학 분석기 – IDEXX Korea

그림 5-22 혈액 분석기

ProCyte One – IDEXX Korea

그림 5-23 요침사분석기

SediVue Dx Urine Sediment Analyser SA-66 – IDEXX Korea

그림 5-24 혈액 분석기

ProCyte Dx Hematology 분석기 | IDEXX Veterinary Diagnostics – IDEXX Korea

1) 화학 분석기 검사항목

검사항목	단축용어	항목설명
알부민	ALB	알부민은 신체의 삼투 평형을 위해 중요한 조절 인자이며, 또한 고단백질 결합 물질(예: 칼슘, 티록신, 지방산, 일부 약물)을 위한 운반체
알부민/글로불린 비율	ALB/GLOB	알부민/글로불린 비율은 혈청 내 알부민의 양을 글로불린 양으로 나눈 값. 비율은 총 혈청 단백질의 변화 원인을 확인하기 위해 사용
알칼리 인산분해효소	ALP	알칼리 인산분해효소는 주로 담즙정체성 간 질환의 지표로 사용. 또한, 알칼리 인산분해효소는 심각한 골파괴 및 스테로이드 유도로 인해 증가
알라닌 아미노 전달효소	ALT	알라닌 아미노 전달효소는 간 세포 손상에 반응하여 분비되는 세포 효소. 또한 ALT는 근육 손상 및 위장관 질환에도 다소 증가
아밀라아제	AMYL	아밀라아제는 장 내 식이 탄수화물을 소화하기 위해 주로 췌장에서 생산되는 효소
아스파라긴산 아미노 전달효소	AST	아스파라긴산 아미노 전달효소는 간 및 근육 손상으로 인해 주로 증가하는 세포 효소
빌리루빈	TBIL	빌리루빈은 간 질환, 담낭 질환 또는 용혈의 지표
혈액요소질소	BUN	혈액요소질소는 간에서 생산되며 신장에서 배설. 혈액요소질소는 간과 신장 양쪽의 기능이상 지표
칼슘	Ca	칼슘은 수많은 세포 내 기능과 세포 외 기능에 필요한 체내 필수 이온. 칼슘은 또한, 골격 구조의 주요 구성 성분
콜레스테롤	CHOL	콜레스테롤은 체내의 주요 지질 중 하나. 콜레스테롤은 세포막 구성 요소로 중요한 역할
염화물	Cl	염화물은 세포외액에서 가장 풍부한 음이온. 염화물은 산/염기 평형, 세포액 운반, 신경 기능에 중요
크레아틴 키나아제	CK	크레아틴 키나아제는 근육 효소. 증가한 CK는 근육 세포의 효소 누출을 암시하거나, 보통 근육 염증 또는 외상의 결과일 때도 있음. CK는 크레아틴 포스포키나아제(CPK)라고도 함
C-반응 단백질	CRP	C-반응 단백질은 급성기 단백질로 정확하고 매우 특이적이며 아주 민감해서 개의 전신 염증 지표로 사용됨

검사항목	단축용어	항목설명
프럭토사민	FRU	프럭토사민은 당화 단백질로 당뇨병 관리를 모니터링하기 위해 분석. 특히 고양이에서 채혈 스트레스로 코르티솔 유도의 포도당 변동이 있기 때문에 유용
감마 글루타밀 전이효소	GGT	감마 글루타밀 전이효소는 담즙정체성 간 질환의 지표
글로불린	GLOB	글로불린은 간 및 면역체계의 세포(감마 글로불린)에서 생성. 글로불린은 삼투 평형, 면역체계 기능, 염증반응과 같이 체내에서 많은 필수적 역할을 수행
포도당	GLU	포도당은 신체의 기본 에너지원
젖산염	LAC	젖산염은 대사 교란의 지표로 사용
젖산 탈수소효소	LDH	LDH는 간, 심근 또는 골격근의 손상을 나타내는 지표로 사용
리파아제	LIPA	리파아제는 주로 췌장에서 생산되어 소장에서 식이지방을 분해하는 효소
마그네슘	Mg	마그네슘은 수많은 효소 반응에서 중요한 역할을 하는 세포 내 주요 양이온
페노바르비탈	PHBR	페노바르비탈은 주로 발작 관리에 사용하는 바르비투르산염임. 혈청 페노바르비탈 농도는 약물이 치료 수준에 도달했는지 결정하는 것을 돕고 약물의 독성 레벨을 가늠하기 위해 평가
인	PHOS	인은 에너지 생산, 단백질 합성, 체내 산/염기 평형에 필수적. 또한 인은 뼈의 주요 구성 성분
칼륨	K	칼륨은 세포 내 이온으로 체액과 전해질 평형을 유지하는 책임. 칼륨은 근육 및 신경 기능에 필수성분
프로게스테론	PROG	여성호르몬의 일종
SDMA	SDMA	개와 고양이의 신장기능 평가
나트륨	Na	나트륨은 세포외액에서 가장 풍부한 양이온. 나트륨은 혈액 순환 내에서 체액 용적을 부분적으로 조절
총 단백질	TP	혈액 내 총 단백질은 소량의 응고 단백질 및 피브리노겐을 포함해 주로 알부민과 글로불린으로 구성
Total T4	T4	갑상샘 질환을 검진하고, 진단하며, 관리
트리글리세라이드	TRIG	지질 대사 이상을 나타내는 지표
요산	URIC	조류 개체군 및 달마시안에서 신장 질환의 중증도를 판단하는 지표

2) 혈액 분석기 검사항목

검사항목	검사항목설명
HCT(haematocrit)	헤마토크리트
RBC(red blood cell count)	HCT에 대한 필수 보충 자료로서 정확히 측정하면 MCH와 MCHC를 정확하게 계산가능
HGB(haemoglobin)	헤모글로빈
RETIC, %RETIC(망상적혈구 수, 망상적혈구 비율)	망상적혈구는 빈혈이 재생성인지 비재생성인지 여부를 특징짓는 데 필수적인 gold standard
MCV(mean cell volume)	연속적으로 측정하면 질병 상태의 진행/퇴행 여부를 더 잘 모니터링
RDW(적혈구 분포폭)	적혈구 크기 차이에 대한 객관적 측정(적혈구 부동증) 수의사가 질병의 진행 및 퇴행을 더 잘 추적하실 수 있도록 함
MCHC(mean cell haemoglobin concentration)	MCHC
MCH(mean cell haemoglobin)	MCH
PLT(platelet count)	ProCyte Dx 분석기는 임피던스 단독 계측기보다 훨씬 더 정확한 혈소판 수를 제공
MPV, PDW, PCT(평균혈소판용적, 혈소판 분포폭, 혈소판 용적률)	혈소판의 말초 요구량에 대한 골수 반응의 존재 또는 부재와 같은 혈소판 비정상을 특징짓는 데 도움
WBC(white blood cell count)	백혈구수
Monocytes(% and #) Lymphocytes(% and #)	염증 진행의 주요 구성 요소가 대식세포인 염증성 질환 식별에 도움. 단핵구와 림프구의 감별은 근본적인 글루코코르티코이드 영향(예: 스트레스, 스테로이드 투여, 부신피질 기능 항진증)이 있는지를 정확하게 식별하는 데 도움
Neutrophils(% and #)	특정 유형의 염증성 질환 및 그 중증도를 식별하고 염증의 진행과 퇴행을 추적하는 데 중요
Band Neutrophils	밴드 호중구가 검체 내에 존재하는 것으로 의심되는 경우 나타남. 밴드 호중구의 존재는 최고의 염증 단일 지표
Eosinophils(% and #)	심장사상충 질병, 벼룩으로 인한 피부염, 고양이 천식, 알레르기성 위장염 등으로 유발될 수 있는 전신 과민반응을 확인하는 데 있어 중요. ProCyte Dx 분석기는 개와 고양이 양쪽에서 호산구를 확인.
Basophils(% and #)	전신 과민반응 및 급성 알레르기 반응을 확인하는 데 유용
nRBCs(nucleated red blood cells)	유핵적혈구가 검체에 존재하는 것으로 의심되는 경우 나타남. 유핵적혈구는 골수 손상 또는 적혈구 생산의 극단적인 증가를 나타내며, 두 경우 모두 즉시 빠르게 조치를 취해야 함.

검사항목	검사항목설명
체액 분석	체액 분석을 실행하는 기능이 실시간으로 세포 수를 분석하고 체액 분류를 지원
TNCC(총 유핵세포 수)	백혈구, 유핵적혈구, 중피세포와 상피세포의 양성과 악성세포 등을 포함한 체액의 모든 유핵 세포 수
과립구(숫자 및 %)	호중구, 호산구, 호염기구의 3종류 과립구를 모두 포함한 유핵 세포
무과립구(숫자 및 %)	과립구 분류에 포함되지 않는 모든 유핵세포:림프구, 단핵구, 대식세포, 중피세포
RBC(적혈구 수)	모든 무핵 적혈구 종류의 수

3) SNAP 신속진단테스트 검사항목

테스트항목	질병	검사이점
SNAP Cortisol	쿠싱 증후군 애디슨병	질병을 검진하고 필요시 빠른 조절을 위해 장기 약물 투여를 모니터링
SNAP cPL	개 췌장염	개 췌장염 진단 또는 배제
SNAP 4Dx	심장사상충 에를리히증 라임병 아나플라스마증	개의 심장사상충과 세 가지 진드기 매개 질병을 한 번에 검진
SNAP FIV/FeLV Combo	고양이 백혈병 바이러스 고양이 면역결핍 바이러스	한 개의 혈액 검체로 두 가지 질병을 검진
SNAP fPL	고양이 췌장염	고양이 췌장염 확정 또는 배제
SNAP Leishmania	리슈만편모충증	단 6분 만에 원내 결과 확인. 양성 및 음성 대조군에서 최대의 정확도를 제공
SNAP Giardia	지알디아	수용성 지알디아 항원을 검출. 포착하기 어려운 포낭의 현미경 검사가 필요 없음. 검체 준비 시간이 필요하지 않으며, 대변 부유법과 함께 준비
SNAP Parvo	파보바이러스	진료 시점에서 8분 안에 결과를 확인하실 수 있습니다. 변형 생백신과 교차 반응 않음.
SNAP Feline proBNP	심장 건강	심장 위험 인자가 있는 모든 환자를 위한 합리적인 가격의 평가 도구
Angio Detect	주혈선충증	단 15분 만에 결과가 나오는 정확한 원내 혈액 테스트. 테스트를 단순화

4) 오줌 분석 파라미터

파라미터	관습 단위	SI 단위	임의 단위
SG(specific gravity)	굴절계로 측정		
pH	5 6 6.5 7 8 9	5 6 6.5 7 8 9	5 6 6.5 7 8 9
LEU(백혈구) 모든 개의 백혈구 분석 결과는 현미경 관찰로 확인함	음성 25 Leu/μL 100 Leu/μL 500 Leu/μL	음성 25 Leu/μL 100 Leu/μL 500 Leu/μL	음성 1+ 2+ 3+
PRO(protein)	음성	음성	음성
GLU(glucose)	음성 50 mg/dL 100 mg/dL 300 mg/dL 1000 mg/dL	음성 3 mmol/L 6 mmol/L 17 mmol/L 56 mmol/L	음성 1+ 2+ 3+ 4+
KET(ketone)	음성 15 mg/dL 50 mg/dL 150 mg/dL	음성 1.5 mmol/L 5 mmol/L 15 mmol/L	음성 1+ 2+ 3+
UBG(urobilinogen)	정상 1 mg/dL 4 mg/dL 8 mg/dL 12 mg/dL	정상 7 μmol/L 70 μmol/L 140 μmol/L 200 μmol/L	정상 1+ 2+ 3+ 4+
BIL(bilirubin)	음성 1 mg/dL 3 mg/dL 6 mg/dL	음성 17 μmol/L 50 μmol/L 100 μmol/L	정상 1+ 2+ 3+
BLD(blood/hemoglobin)	음성 10 Ery/μL 25 Ery/μL 50 Ery/μL 250 Ery/μL	음성 10 Ery/μL 25 Ery/μL 50 Ery/μL 250 Ery/μL	음성 1+ 2+ 3+ 4+

5) 오줌 분석 검사 항목과 세부 항목

검사 항목	검사 세부 항목
세포	적혈구(RBC) 백혈구(WBC) 편평상피세포 비편평 상피세포
세균	간균 구균
요원주	유리질원주 비유리질원주(세포성 원주와 과립원주)
결정	Calcium oxalate dihydrate Struvites Ammonium biurate Bilirubin 미분류(기타 모든 결정)

9. 전해질혈액가스분석기, 뇨분석기, 신속진단테스트 분석기, 응고분석기

그림 5-25 전해질 혈액 가스 분석기

VetStat Electrolyte and Blood Gas 분석기 | IDEXX Veterinary Diagnostics – IDEXX Korea

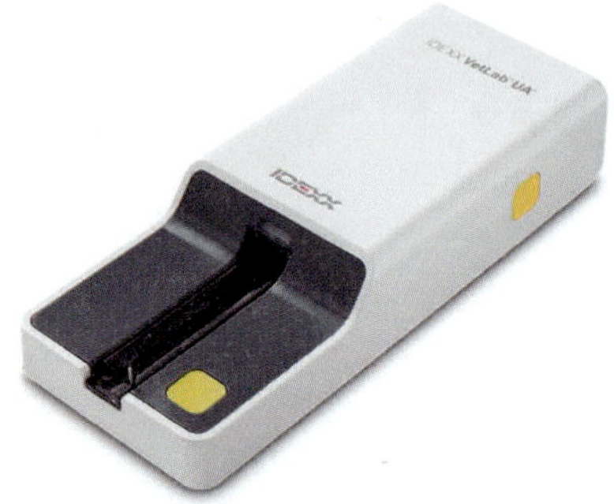

그림 5-26 뇨분석기

IDEXX VetLab UA 분석기 | IDEXX Veterinary Diagnostics – IDEXX Korea

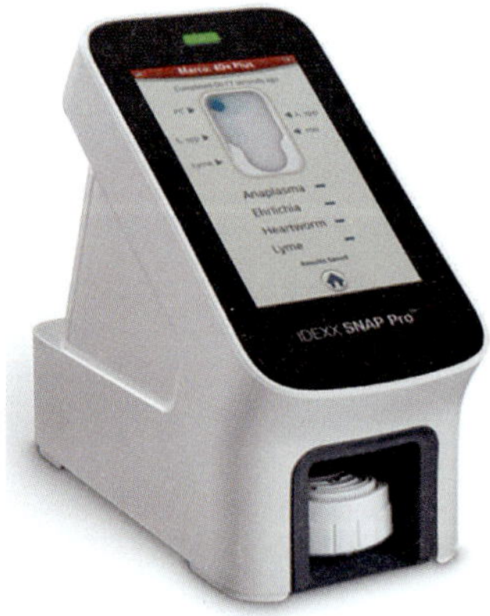

그림 5-27 신속진단테스트 분석기

SNAP Pro Analyser SA-76 – IDEXX Korea

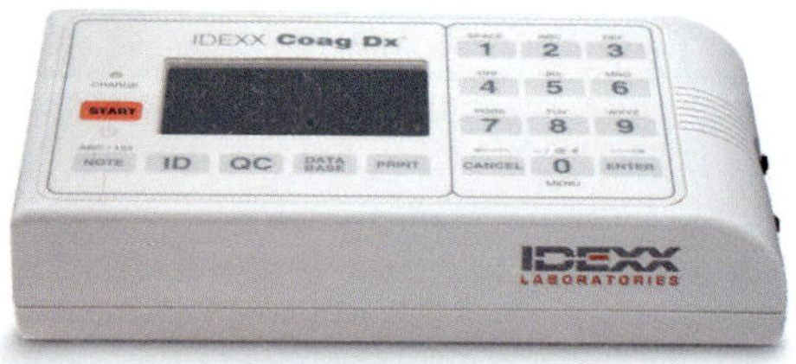

그림 5-28 응고분석기

Coag Dx 분석기 | IDEXX Veterinary Diagnostics – IDEXX Korea

10. 벳 크로마(Vet chroma™) 측정기

벳 크로마(Vet chroma™) 측정기는 혈액, 소변과 같은 체액, 기타 샘플을 이용하여 샘플 안에 포함된, 분석하고자 하는 물질의 농도를 정량 또는 반정량으로 측정하여 결과를 보여주는 자동 또는 반자동 체외진단용 기기이다. 아울러, 별도 구매 가능한 액세서리와의 연결을 통해, 정보입력 및 무선통신 연결성을 향상시킬 수 있으며, SD 카드를 이용하여 프로그램의 업데이트가 원활하게 이루어지도록 설계되었다. 특히, 배터리의 사용을 통해, 현장진단검사(point-of-care testing, POCT) 기기의 가장 큰 장점인 휴대성을 개선하여 불안한 전력환경에서도 검사가 안정적으로 진행될 수 있다.

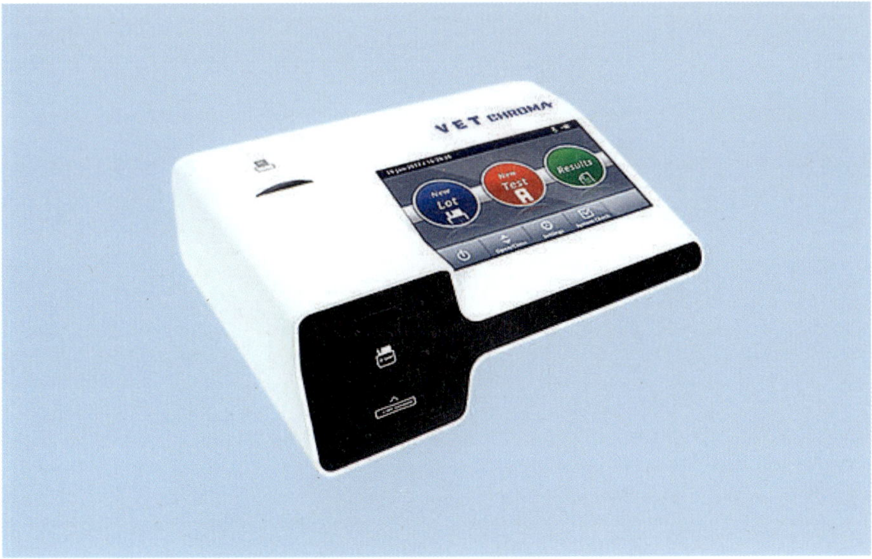

그림 5-29 벳 크로마(Vet chroma™) 측정기

검사항목	개	고양이
Hormone	cTSH	–
	Progesterone	–
	Cortisol	Cortisol
	T4	T4
Inflammation	CPL	FSAA
	cCRP	–
Infection	CPV IgG/IgM	–
	CDV IgG/IgM	–
	Helicobacter SA	Helicobacter SA
Cardiac	Tn-1	–
Cancer	AFP	–
Others(혈전 여부 확인)	D-Dimer	–

Vet chroma™〈br〉reader 〉Vet chroma™ | ANIVET

Chapter

06

분자생물학적 기법

Chapter 06

분자생물학적 기법

1. 핵산 분리

DNA를 추출, 정제하기 위해서는 세포를 분쇄하여 핵 내의 DNA를 추출해야 하며, 이때 세포에 존재하는 많은 단백질 및 핵산 단백질을 포함한 불순물이 혼재되어 있으므로 이들 불순물을 제거하는 조작이 필수적이다. 단백질 제거는 일반적으로 단백변성제인 SDS(sodium dodecyl sulfate)를 이용하여 크로마틴을 가용화한 다음 proteinase K로 단백질을 분해하고, phenol/chloroform을 이용하여 단백질을 변성, 제거한다. 또한 혼재하는 RNA는 ribonuclease로 제거하며 최종단계에서 ethanol로 침전시켜 DNA를 추출 정제한다.

세균으로부터 원하는 종류의 DNA를 추출하기 위해서는 실험 목적에 따라 균량이 우선 결정되어야 하는데 그것은 DNA의 크기, 복제 수(copy number), 숙주세포의 종류 등을 감안하여 적당한 량을 실험에 사용하는 것이 좋다.

2. 전기영동

1) 전기영동이란

전기영동이란, 주로 생체 고분자들의 성질을 연구, 분석, 분리, 정제하는 중요한 방법 중에 하나이다. 전기적 성격을 띠고 있는 분자들을 전기장 소거에서 이동시키는 방법으로 입자가 아닌 액체가 고정된 막(膜)을 통과하는 것은 전기삼투(electro-osmosis)라고 한다. 스웨덴의 화학자인 아르네 티셀리우스가 1930년경에 전기영동을 분석기술로 이용하는 방법을 처음 소개했으며, 그가 고안한 이동경계법은 콜로이드 입자를 포함하고 있는 특정 액체 위에 콜로이드 입자를 포함하지 않는 순수한 액체를 첨가했을 경우에 나타나는 2가지 액체의 경계가 콜로이드 입자의 전기영동속도로 이동한다는 사실을 밝혔다. 전기영동은 단백질과 같은 콜로이드성 물질을 분석하거나 분리할 경우 전자관에 사용하는 부품 등을 코팅할 때 사용한다.

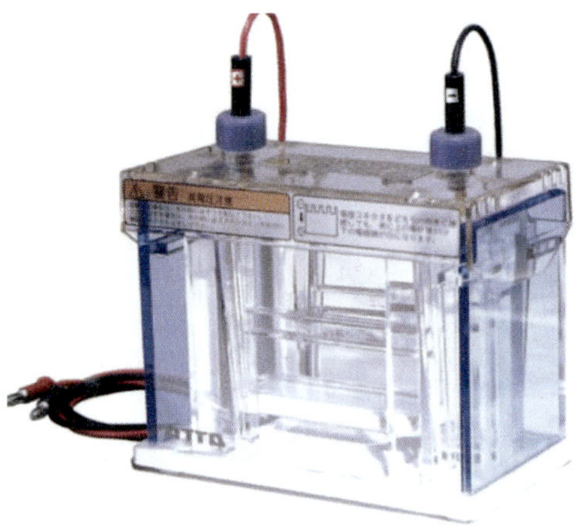

그림 6-1 **전기영동 장치**

출처: https://www.biolet.kr

2) 전기영동의 목적

전기영동은 DNA, RNA 또는 단백질을 크기에 따라 분리하는 방법이다. 전기영동은 전기장 안에서 하전된 입자(이온)가 양극 또는 음극 쪽으로 이동하는 현상을 말한다. 이때 이동하는 속도는 입자의 전하량, 크기와 모양, 용액의 pH와 점성도, 용액에 있는 다른 전해질의 농도와 이온의 세기, 지지체의 종류 등 여러 가지 요인에 의해 결정된다. 어떤 용액에서의 하전된 알맹이의 이동속도는 분자 자체의 성질에 따라서 결정된다. 그러므로 전기영동법은 아미노산, 뉴클레오티드, 단백질들과 같은 하전된 물질들을 분리하거나 분석하는 데 매우 효과적인 수단으로 이용된다.

Agarose gel Electrophoresis를 통해 서로 다른 샘플을 gel상에 로딩하여 그 패턴을 보고 비교하여 서로 다른 것인지 확인할 수 있다.

3) 전기영동을 통해 분석되는 분야

전기영동은 아래와 같은 분야에서 분석에 이용될 수 있다.

① 핵산(DNA) 분리

② 단백질 분리

③ 항원 검출

④ 다당류 또는 지질 다당류 분석

⑤ 세포기관과 세포막 또는 전체 세포의 확인, 정제, 분리

⑥ 고분자량을 가지는 물질들의 분석

4) 전기영동의 원리

DNA, RNA나 단백질 같은 전하를 지닌 물질이 그 용액에 전기장을 가했을 때 한쪽 극을 향해 이동하여 각 성분이 크기에 따라 다르게 움직이는 성질의 차이로 분리하는 것이다.

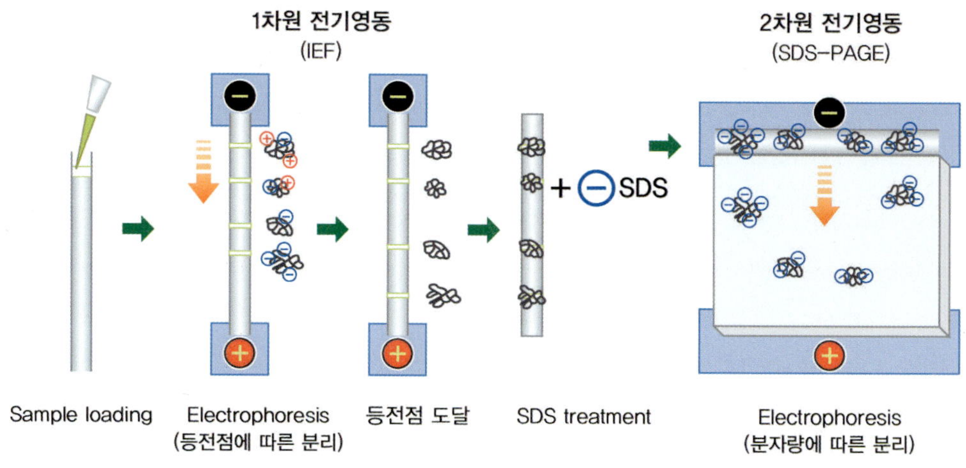

그림 6-2 전기영동의 원리

출처: https://www.attokorea.co.kr

전기영동은 전해질로 사용되는 Buffer 용액 속에서 전장을 가로질러 이동하게 되는데 이때 이동하는 속도는 DNA가 가진 구조형태 및 크기에 따라 다르게 된다. DNA를 분석하기 위해서는 적당한 matrix가 요구되는데 이러한 matrix는 모두 network를 형성하여 미세한 구멍들을 가지게 되는 것으로 가장 일반적으로 사용되고 있는 것이 천연물인 agarose이다. 이는 그 농도가 높아질수록 점점 미세한 구멍을 가지게 되어 농도를 변화시킴으로써 여러 크기를 가진 물질들을 용이하게 분리할 수 있다.

5) 전기영동 DNA 이동에 영향 요인

Agarose gel 전기영동 시 DNA의 이동에 영향을 주는 요인들은 아래와 같은 것들이 있다.

① DNA 분자의 크기가 클수록 느리게 이동한다.

② Agarose의 농도가 높을수록 느리게 이동한다.

③ DNA 형태(구조)에 따라 이동속도가 다르다. 일반적으로 super coiled DNA, linear DNA, open circular DNA의 순으로 빠르게 이동한다.

④ 부하되는 전압이 높을수록 이동속도가 빠르다.

⑤ 전기장의 방향도 이동속도에 영향을 미친다.

⑥ Ethidium bromide는 DNA 이동속도를 15% 정도 감소시킨다.

⑦ 전기영동 완충용액의 성분과 이온강도도 전기영동 속도에 영향을 준다.

Agarose gel을 만들기 위하여 아래와 같이 DNA 크기에 따라 아가로스 종류를 달리하는 것이 좋은 결과를 얻을 수 있다. 이는 아가로스 종류에 따라 젤의 pore 사이즈가 달라 분석하고자 하는 시료의 특성에 잘 맞는 아가로스를 선택하는 것이 좋은 결과를 얻을 수 있게 하는 것이다.

① 1bp~1kb: Polyacrylamide Gel을 사용

② 100bp~20kb: Agarose Gel을 사용(최대 10 bp~50kb까지 가능)

③ 20kb 이상은 Pulsed Field Gel Electrophoresis 방법(OFAGE, CHEF, FIGE 등)을 사용(Agarose Gel)

6) 전기영동 방법

(1) Agarose Gel 만들기(minigel)

① 분리하고자 하는 DNA의 크기에 따라 적절한 %의 agarose를 저울로 잰다. (보통 0.5 ~ 1.5%)

② 삼각플라스크를 이용하여 1x TAE에 agarose를 넣은 후 열을 가해 충분히 녹인다. 전자레인지를 이용할 경우 약 10~120초/120 ml, Autoclave도 가능하다.

③ gel maker를 준비하고 적당히 식힌 후(55~65℃) gel tray에 붓는다. 이때 gel 두께는 약 4.5 mm 정도로 한다. 피펫 팁 등으로 기포를 제거하고 comb을 장착한다.

④ 실온에서 적어도 30분 이상 굳힌 후 comb을 제거하고 비닐팩에 싸서 냉장(4℃) 보관한다. 냉장 보관 시 1주일 정도 사용 가능하다.

(2) Gel Electrophoresis

① 전기영동 tank에 running buffer(1x TAE)를 표시선까지 채운 후 만들어 둔 agarose gel tray를 담근다. (running buffer는 gel 표면을 기준으로 1~3 mm 정도 잠기는 것이 적당하다)

② sample(보통 2 ~ 20 ul)을 6x loading buffer(dye)와 잘 섞어 agarose gel 상의 well에 loading한다.

③ 전원장치를 켜서 전기(5~8 V/cm)를 걸어준다.
첫 번째 dye가 2/3 정도 진행했을 때 전기영동을 중단한다. (약 20~40분 소요)
※ 전기영동 시간은 분리하고자 하는 size에 따라 적당히 가감한다.

(3) DNA의 염색(EtBr) & 관찰

① 전기영동이 끝난 Gel을 0.5 ~ 1 ug/ml EtBr에 약 20~40분 동안 담근다.

- EtBr은 빛에 약하며 또한 발암물질이므로 주의해야 한다.

② Gel을 물로 간단히 씻어낸 후 UV trans-illuminator 상에서 관찰한다.

- DNA와 결합한 EtBr은 형광을 강하게 나타내기 때문에 band가 보이는 것이다.

③ 사진을 찍어 결과를 분석한다. 폴라로이드 카메라 또는 Imaging System(CCD 카메라)를 이용한다.

(4) 전기영동 시약과 재료

① 완충용액(Electrophoresis buffer solution)

Electrophoresis를 할 때 gel이 잠기는 buffer solution에는 TAE와 TBE가 많이 쓰인다. TAE는 주로 agarose electrophorsis에, TBE 는 DNA sequencing에 쓰인다. 또한, TAE는 긴 DNA(〉12kb)를 전기영동 할 때 TBE는 보다 짧은 크기의 DNA를 전기영동 할 때(〈1 kb) 많이 쓰인다.

② Ethidium bromide(EtBr)

EtBr은 실험시 DNA를 염색할 때 쓰인다. EtBr은 얇은 판 모양의 고리화합물로 DNA나선의 염기 사이에 끼어들어가 결하기 때문에 강력한 발암물질로 알려져 있다. Ethidium bromide은 자외선(UV)을 받으면 오렌지색으로 형광을 내는데, 이것으로 DNA의 양과 존재 유무를 알 수 있다.

③ Gel loading buffer

DNA시료를 담는 loading buffer. Loading buffer는 gel well에 DNA시료를 loading 할 때 사용한다. 고분자물질이기 때문에 DNA에 결합하여 겔에 DNA를 분주할 때 Buffer에 퍼지지 않고 가라앉게 하고 자체 색으로 전기영동 진행상태를 확인할 수 있다.

7) 전기영동 응용

(1) 마이크로 칩 모세관 전기영동을 이용한 immunoassay

화학 반응, 샘플의 주입, 반응 결과물의 분리 등, 모든 과정을 마이크로 칩 위에서 할 수 있게 시스템을 만드는 것이 가능해졌다. 칩 위에서 샘플들을 움직이게 하는 것으로 이때 전기 삼투 방법이 적당하여, 분리를 위한 방법으로 전기영동을 많이 이용한다. 마이크로 전기영동은 독특한 용액 운반 능력이 있어 immunoassay의 자동화에 새로운 그리고 아주 중요한 역할을 할 수 있을 것이다.

(2) DNA지문분석(DNA fingerprinting)

개체로부터 추출한 DNA를 증폭시킨 후 뉴클레오티드의 특정 배열순서를 인식하여 자르는 효소를 처리하면 개체마다 효소에 의해 잘리는 위치가 달라져 절단된 DNA 가닥의 길이가 달라진다. 이를 길이에 따라 분리, 나열한 것을 DNA 지문이라 일컫는다.

3. 중합효소연쇄반응(PCR)

1) PCR의 목적

(1) PCR이란?

중합효소 연쇄반응, 즉 Polymerase Chain Reaction의 약자이다. DNA 중합효소를 이용, 특정 DNA의 양을 빠르게 증폭시키는 기술로서 유전자 발현을 보기 위한 기술이다.

(2) PCR의 역사

캐리 멀리스(K.Mullis)가 1983년에 처음으로 고안했다. 생명공학회사 시터스의 연구원인 멀리스는 1983년 4월, 차를 몰고 산길을 달리던 중 획기적인 PCR법이 생각났고 다음날 실험실에서 떨리는 마음으로 해보니 정말 되었다고 한다. 처음에 저명한 과학저널에 PCR법을 투고 했으나 채택되지 않았다가, 1992년에 논문으로 처음 게재된다. 듀퐁, 로체, 프로메가 회사가 연관된 특허 분쟁이 일어났으나, 1992년에 로체사가 특허를 따내게 되고 1993년에 개발자 멀리스는 노벨 화학상을 수상한다.

2) PCR 실험법의 원리

(1) DNA란?

PCR 과정은 완전한 DNA 분자를 만드는 두 가닥의 길이를 따라서 '염기쌍'의 서열에 의존한다. DNA 분자를 구성하는 가닥 또는 중합체는 염기쌍 사이의 수소결합에 의해 서로 붙어 있다. DNA에는 아데닌(A), 티민(T), 구아닌(G), 시토신(C)의 네 가지 염기에 따라 네 가지 뉴클레오티드가 있다. '아데닌=티민'과, '구아닌= 시토신'과 결합하는 독특한 배열 체계가 전체 분자를 잘 알려진 2중 나선 구조로 접히도록 해 준다.

인산이 있는 쪽이 5'(prime) 방향, 당이 있는 쪽이 3' 방향인데, 쌍으로 연결되는 염기는 서로 반대방향(anti-parallel)으로 위치하는 것이 특징이다. **즉, 마주 보는 DNA 사슬은 서로 5와 3프라임이 방향 반대이다.**

DNA중합효소 연쇄반응은, 3프라임수산화를 제공할 수 있는 프라이머가 반드시 존재한다.

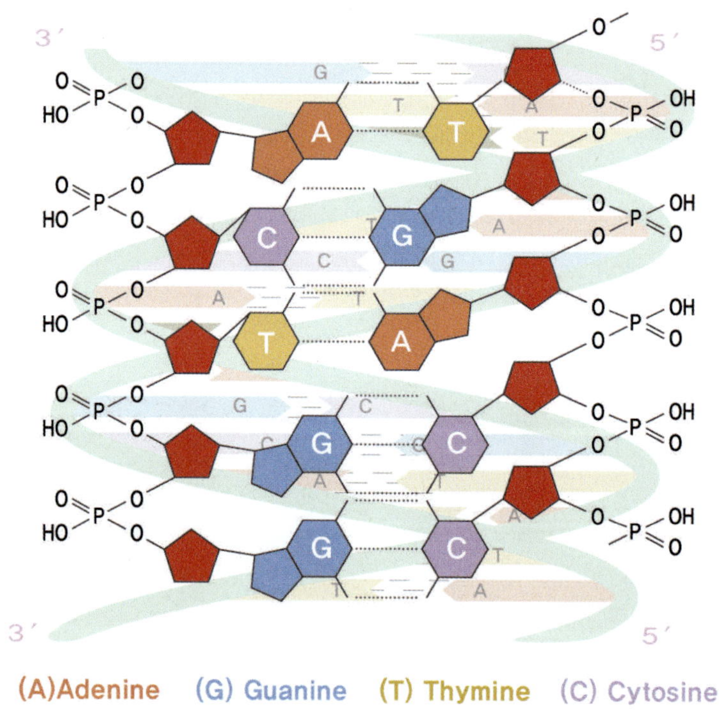

그림 6-3 DNA 이중 나선 구조

(2) PCR 원리 도식도

PCR 중합효소 연쇄반응으로 이중가닥 DNA가 가열되어 두 개의 단일 가닥으로 분리된다. 합성 올리고뉴클레오티드 프라이머가 상보적 서열에 결합하고 화살표 방향으로 신장되어 주형의 본래 짝과 동일한 새로운 DNA 가닥이 생긴다.

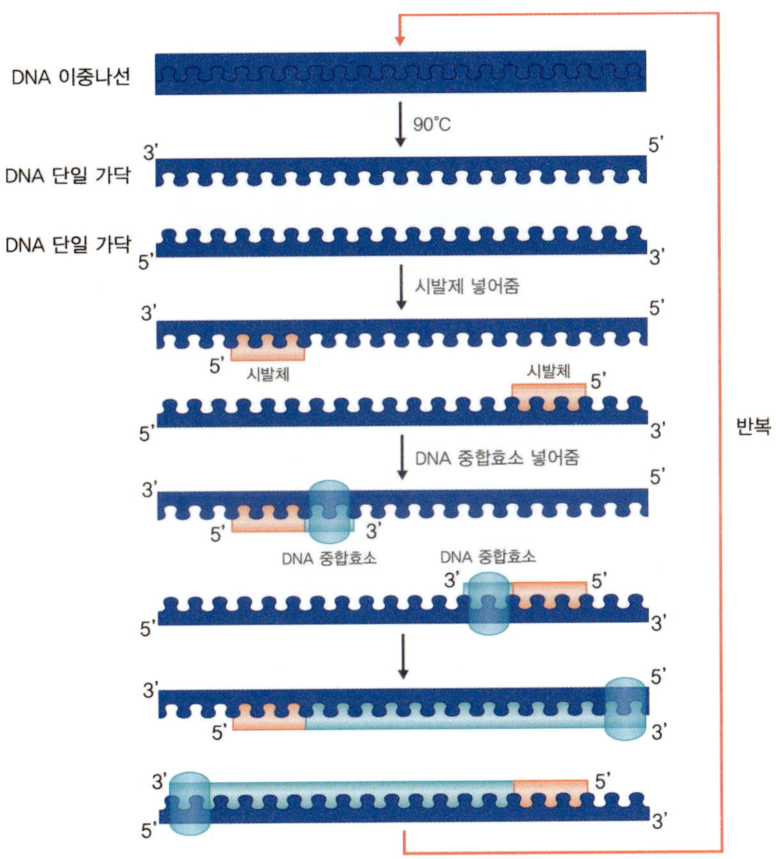

그림 6-4 PCR 진행 과정 도식도

(3) PCR의 원리

PCR은 중합효소 연쇄반응의 성질을 이용한 것이다.

PCR은 온도에 따라 아래 3단계로 나누어진다.

① **변성**(Denaturation)

온도를 올려 DNA 이중가닥을 단일 가닥으로 분리되는 과정이다.

② **결합**(Annealing)

적정온도에서 2개의 단일 가닥에 각각의 프라이머가 특이적으로 결합한다.

③ **합성**(Extension)

DNA중합효소에 의하여 프라이머의 신장 반응 일어난다.

PCR은 변성 → 결합 → 합성의 3단계가 한 사이클(cycle)을 구성하고 수십 번의 사이클을 돌려 많은 양의 DNA를 증폭할 수 있다.

PCR은 한 사이클 다음 사이클에서 original DNA와 새로 합성된 DNA가 분리된다. 이때 분리된 단일가닥 DNA가 주형으로 다시 반복 사이클이 진행된다. 즉, n 사이클 후에는 이론적으로 2n의 두 가닥 DNA가 존재한다.

일반적으로 효소는 열에 약하기 때문에 PCR 고안 초기 문제점은 DNA를 변성시키면 DNA polymerase도 같이 변성된다는 것이었다. 즉, 매 사이클마다 DNA polymerase를 넣어주어야 활성이 있는 DNA polymerase 반응이 일어나 DNA 합성이 일어날 수 있는 것이다. 그러나 이 방법은 번거롭게 때문에 이를 해결할 수 있는 방법을 찾던 중 Taq polymerase가 발견되어 매우 편리하게 PCR 반응을 수행할 수 있게 되었다.

(4) Taq polymerase란?

온천에 사는 *Thermus aquaticus* 세균에서 발견한 것으로 세균의 DNA polymerase (Taq polymerase)는 72℃가 최적온도이며, 94℃에서도 안정하다. 따라서 Taq polymerase를 사용하면 PCR 매 사이클마다 DNA polymerase를 다시 안 넣어도 된다.

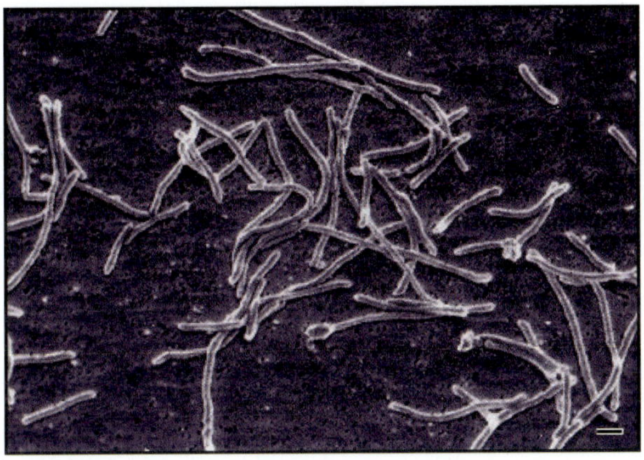

그림 6-5 ***Thermus aquaticus*** **세균 현미경 사진**
출처: https://commons.wikimedia.org/wiki/

3) PCR 실험방법

(1) 실험 용어

PCR 방법에 아래와 같은 용어들이 사용되고 있다.

① template DNA: 증폭 대상이 되는 DNA

② 한 쌍의 primer: 증폭할 부분을 잡는 짧은 염기서열

③ dNTP(dATP, dCTP, dGTP, dTTP): 유전자를 합성하는 재료가 되는 각 뉴클레오티드

염기들

④ Taq polymerase: *Thermus aquaticus* 세균에서 유래한 열에 특별히 강한 유전자 합성효소

(2) 실험 방법

PCR하려는 샘플의 수만큼 PCR tube를 준비하고 tube 번호를 쓴다. Template DNA의 농도가 서로 같을 경우 dNTP, 25 mlM MgCl, Primer 1, Primer 2, ddH_2O, PCR buffer, Taq polymerase를 PCR 하려는 tube 수로 계산한다. 한꺼번에 섞은 후(pre-mix 제작) 각 tube에 똑같이 나누어 넣고 template DNA를 각각의 tube에 넣는다. Template DNA의 농도가 각각 다를 경우는 위에서 ddH_2O를 제외한 나머지를 PCR 하려는 tube의 수로 계산하여 한꺼번에 섞은 후 각 tube에 똑같이 나누어 넣고 template DNA를 각각 tube에 넣는다.

(3) PCR 단계별 특징

PCR은 반복적인 온도 단계의 변화가 필요한데, 각각의 단계별 온도와 그 작용에 대하여 알아보면 아래와 같다.

① Pre-denaturation

93℃~95℃로 보통 약 5분간 가열하는 과정으로 DNA는 이 정도의 열에서 일정 속도로 외가닥으로 분리가 된다.

② Denaturation

보통 93℃~95℃로 30초에서 40초 정도이며, 쌍가닥 DNA가 외가닥으로 분리된다.

③ Annealing

일반적으로 45℃~60℃에서 30~50초 정도 반응시키나, primer의 염기서열, 길이에 따라 조정해야 한다.

④ Extension

72℃~74℃ 정도에서 30~60초간 반응시킨다. DNA polymerase의 DNA 합성 속도가 초당 수십 ~ 수백 base에 이르므로 너무 긴 시간은 불필요하다.

⑤ Final extension

4번 과정에서 합성이 덜 일어난 DNA 가닥들의 합성을 마무리하는 단계이다.

⑥ Store

모든 과정이 끝나고 합성된 DNA를 안정적으로 보존하는 단계로 필요할 때 끝내면 된다.

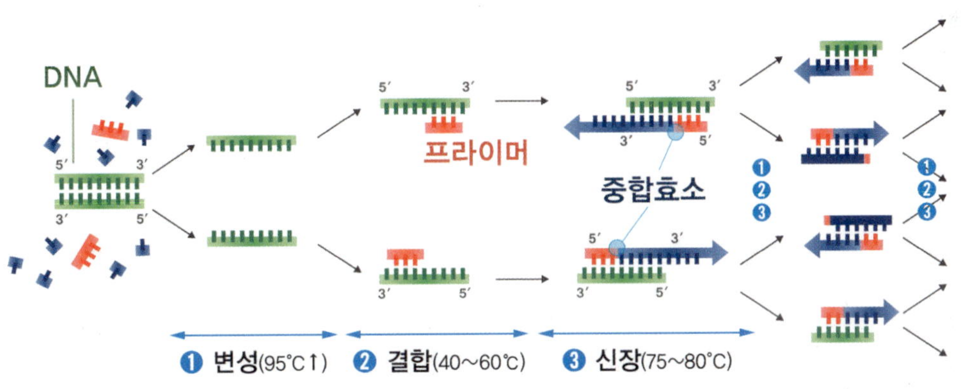

그림 6-6 PCR 단계별 원리

(4) 주의 사항

PCR 수행 시 아래 사항에 주의하여야 한다.

① 3프라임 말단에 티민이 오지 않도록 해야 한다.

티민(T)은 자신과 상보적인 뉴클레오티드를 감별하는 능력이 부족하여 종종 3프라임 말단에 잘못된 결합을 한다.

② 주형 template DNA 수를 계산한다. 초기에 너무 많으면 불완전하게 합성된 사슬의 수가 많아 전기영동 시 번짐 현상 유발한다. 반대로 너무 적으면 증폭

산물 내에 정확하지 않은 복제 사슬이 많아지게 된다.

③ PCR 과정 시 오염에 주의한다. PCR은 민감하기 때문에 실험하다가 묻은 침이나 손에 묻은 미세한 먼지 하나로도 결과가 달라진다.

4) PCR 실험법 결과 해석

PCR 수행 후 결과에 대하여 아래 요령으로 해석한다.

① PCR산물은 agarose gel에서 전기영동 시켜 확인

② PCR band는 EtBr염색을 통해 육안으로 관찰되거나 만약 수율이 낮은 경우에는 Southern hybridization(RNA 분석방법 중 하나)에 의해 탐지될 수도 있다. EtBr염색이란 DNA의 당과 염기 사이에 들어가는 발암물질로 자외선(UV)을 받으면 형광 오렌지 색을 내기 때문에 증폭된 DNA를 나타내는 밴드가 염색을 통해 육안으로 관찰할 수 있다.

③ 예상된 band가 없거나 추가적인 band가 존재하는 경우는 무언가 잘못된 것이고 실험을 다시 수행해야 한다.

5) RT-PCR

RT-PCR은 Rreverse Transcription-PCR(역전사 중합효소반응)로 기존의 생명현상에 의해 DNA에서 RNA를 만드는 전사과정을 거꾸로 RNA를 기반으로 DNA를 합성하는 과정으로 역전사효소(Rreverse Transcriptase)를 이용하여 반응이 이루어지며 이때 만들어지는 DNA를 cDNA(complemantary DNA; 상보적 DNA)라고 한다. 역전사효소는 대부분의 생명체에 존재하지 않고 Retero Virus 또는 이 바이러스에 감염된 세포에서 효소를 추출할 수 있다.

(1) RT-PCR법의 활용

① **유전자 발현 분석**(Gene Expression Analysis)

RT-PCR은 특정 유전자의 발현 수준을 분석하는 데 널리 사용된다. 세포나 조직에서 특정 mRNA의 양을 측정하여 유전자가 활성화되어 있는 정도를 평가할 수 있다. 특히 질병(암, 신경계 질환 등)과 관련된 유전자가 활성화되는 정도를 평가할 수 있다.

② **바이러스 진단**(Viral Diagnosis)

바이러스 감염 진단에 매우 광범위하게 사용된가 HIV, 인플루엔자, 코로나19(COVID-19) 등 다양한 RNA 바이러스의 경우 바이러스 핵산을 추출하여 RT-PCR을 통해 빠르고 정확한 진단을 할 수 있다.

③ **유전자 클로닝 및 유전자 분석**(Gene Cloning and Sequencing)

특정 mRNA를 cDNA로 변환한 후, 이를 이용해 유전자 클로닝을 할 수 있다. 이렇게 얻어진 cDNA를 이용하여 유전자의 구조와 기능을 연구하거나, 유전자 서열 분석을 통해 새로운 유전자를 발굴할 수 있다.

④ **유전자 돌연변이 분석**(Mutation Analysis)

특정 유전자의 발현을 분석하면서 동시에 해당 유전자에 돌연변이가 있는지 확인할 수 있다. 유전자 돌연변이로 인한 발현 변화나 변형된 단백질을 규명한다.

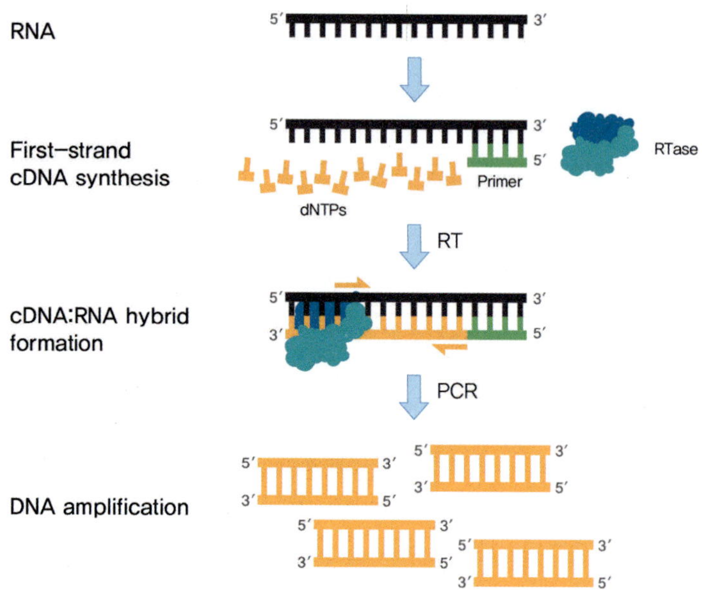

그림 6-7 **RT-PCR 단계별 원리**

(2) RT-PCR 실험법

① RNA 추출

RT-PCR을 진행하기 위해서는 먼저 실험에 사용할 샘플에서 총 RNA를 추출해야 한다. 조직이나 세포에서 RNA를 분리하는 데 있어서 시중에 신속하고 간편하게 추출할 수 있는 키트가 상용화되어있다.

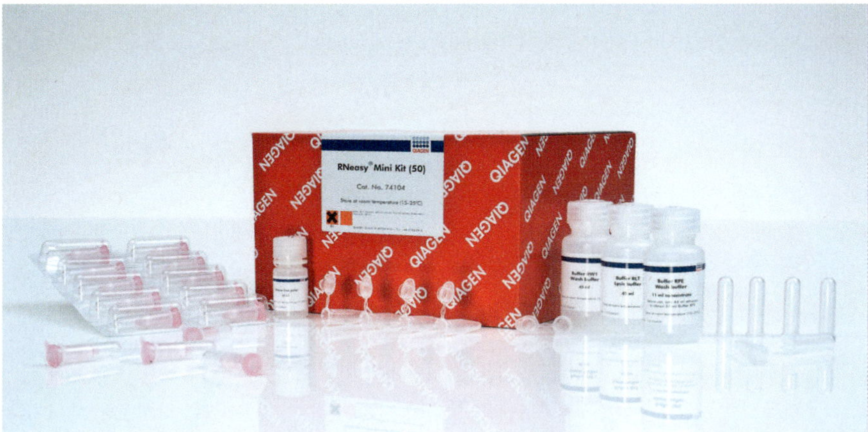

그림 6-8 RNA 추출키트

출처: https://www.qiagen.com

② RNA 역전사(Reverse Transcription)

추출된 RNA를 cDNA로 변환하기 위해 역전사효소(예: M-MLV, SuperScript 등)를 사용하여 RNA, 프라이머 또는 oligo(dT)와 역전사 완충액을 추가하여 RNA를 cDNA로 변환한다. 보통 37~42℃의 적정온도에서 1시간 정도 반응한다.

③ cDNA는 PCR 반응에 사용하여 DNA를 증폭하여 결과를 얻을 수 있다.

6) PCR 실험법의 응용

(1) 병원체 진단과 다양한 응용

PCR은 각종 병원체의 유전자에 특이적인 부위를 검출하여 질병의 진단에 이용될 수 있다. 과거 병원체의 진단은 현미경을 이용하여 세균의 형태를 관찰하거나, 미생물 배양에 의한 동정 또는 항체와 항원 반응을 이용하는 방법을 주로 이용하였으나 이들 진단법은 많은 수의 병원체가 샘플에 있어야 진단이 가능하다는 단점을 가지고 있었다. PCR은 유전자 증폭을 통하여 미소량의 병원체도 검출할 수 있는 매우 민감한 진단법으로 이용되고 있다.

PCR은 그 외 아래 분야에서 또한 매우 유용하게 사용되고 있다.

① 미아, 입양아, 사생아 등에 대한 친자확인

② 법의학에서의 강력범죄 범인 색출

③ 각종 질환에 대한 유전자 진단

④ 각종 병원균의 감염 여부 판정(AIDS나 간염 등)

⑤ 농축산물의 원산지 또는 품종 확인

⑥ RNA 전사 구조의 분석

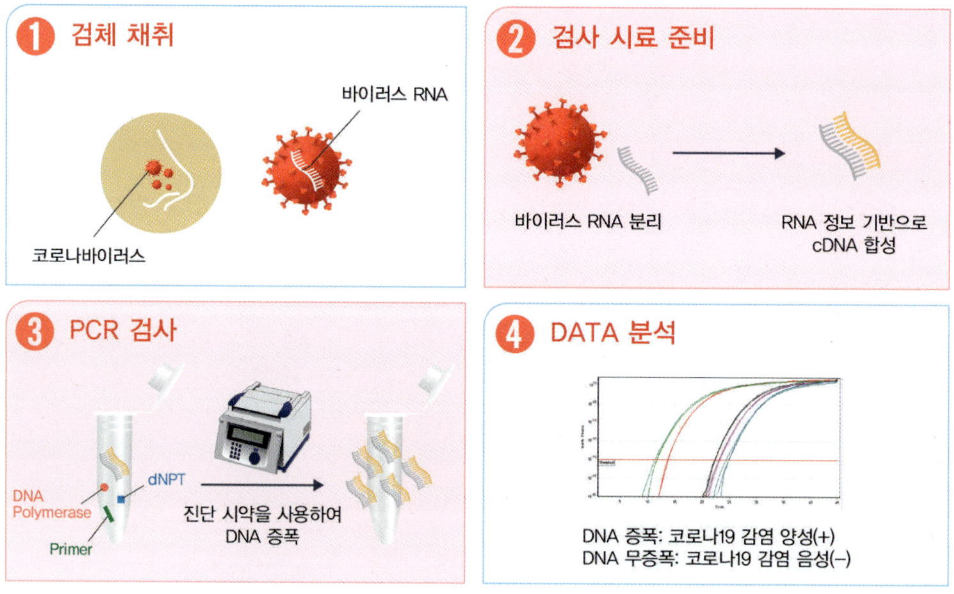

그림 6-9 PCR을 이용한 코로나 바이러스 진단

4. 유전자 재조합 효소

워드프로세서에서 문서를 자르고 편집하는 것 같이 유전자 또한 절단 및 결합에 의하여 다양한 유전자 재조합을 만들 수 있다. 이와 같이 DNA를 절단 혹은 DNA 단편을 붙이거나 새로운 DNA를 합성하는 데에는 다양한 효소가 사용된다.

1973년 A. Chang과 S. Cohen에 의해 최초로 유전자 클로닝 실험이 수행된 이래 제한효소라 불리는 특정한 효소를 사용해 왔으며 현재 500종 이상이 발견되어 사용되고 있다. 실제로 DNA 클로닝에는 제한효소뿐 아니라 다른 많은 효소가 사용되고 있으므로 유전자 재조합에 사용되고 있는 대표적인 효소의 종류 및 특성을 살펴본다.

1) 제한효소(Restriction enzyme)

제한효소란 DNA의 이중나선을 형성하고 있는 특정 부위의 염기배열을 특이적으로 인식해 절단하는 효소를 통칭한다. 제한효소의 본래 기능은 세균 세포 내에서 외래 DNA의 침입으로부터 자신의 유전자를 보호하는 것이다. 따라서 제한 효소는 미생물에서 분리한 것이 주를 이루며, 제한효소의 명명 또한 그것을 생산하는 균주의 속명 첫 글자를 이탤릭체 대문자로 종속명의 두 글자를 이탤릭체 소문자로 표기하며 연이어 혈청형 및 발견순서를 차례로 표기한다.

제한효소의 특징은 바로 '회문구조'라는 특이한 염기서열을 인식하는 것이며 이때 회문구조란 열반복 또는 이중대칭 구조를 말하는데 대칭축을 중심으로 한쪽을 180도 회전시키면 서로 겹쳐지는 구조를 하고 있다. 따라서 제한효소에 의한 절단들은 대개 다음 두 가지 뚜렷한 염기배열 중 하나에서 일어나는 것으로 나타났다. 즉 (1) 두 절단이 원형을 이루면 대칭선을 중심으로 대칭이 이루어지도록 하는 배열, (2) 두 절단이 대칭의 중앙에서 이루어지도록 하는 배열이다. 두 가지 유형의 효소에 의한 절단결과는 5'-말단을 가진 단일가닥 연장과 3'-말단 연장을 이루는 부착말단 또는 평활말단을 생성한다.

제한효소는 특정한 유전자 서열을 절단한 후 클로닝벡터를 제조하고 숙주 박테리아에 도입시킨 후 배양하고 증폭시켜서 원하는 유전자를 다량으로 획득하는 작업인 유전자 클로닝에 이용된다. 플라스미드나 파지와 같은 벡터에 특정 DNA의 일부를 삽입시켜 클로닝하기 위해서는 DNA를 일정한 부위에서 절단하는 제한효소의 특성이 기본적으로 필요하다. 또한 제한효소는 유전자 DNA를 일정한 크기로 절단하여 DNA 절편의 양상을 관찰하거나 제한효소에 의하여 절단되는 부위를 표시한 제한효소지도를 만들어 여러 질환의 연구에 이용된다.

(1) 제한효소를 이용한 실험법

제한효소는 크게 3가지 type으로 분류(Type I, Type II, Type III)하고 있는데 우리가 가장 많이 사용하고 있는 제한효소는 Type II 효소이다.

제한효소를 이용하여 DNA를 절단하는 것은 분자생물학에 있어 가장 기본적인 과정 중의 하나이므로 각각의 반응 조건을 정확하게 맞추어 주는 것이 실험을 잘하는 지름길이다.

현재 판매되고 있는 제한효소들은 대부분 고농도로 제조되어 판매되고 있어서 실제 실험에 사용하는 양이 매우 적으므로 사용할 때마다 오염에 특히 주의하기 않으면 안 된다. 보통 제한효소의 양이 반응액의 10%를 초과할 경우 제한효소 저장액에 포함되어 있는 glycerol에 의해 반응이 저해된다.

(2) 절단방법

① 단순절단

한가지의 제한효소를 사용하여 절단하는 방법으로 가장 일반적으로 사용된다. 그 실시 예를 보면 아래와 같다.

☞**실시 예**: 50 μl reaction volume

제한효소 10x 반응 buffer	5 μl
대상 DNA	5 μl
D.W.	40 μl
제한효소	3 unit
	50 μl

② 2중, 3중 절단

이 방법은 DNA의 지도를 작성하거나 특수한 조각의 양상을 확인하고자 할 때 사용하는 방법

☞**실시 예**: 동일한 종류의 reaction buffer를 사용할 때

reaction 10x buffer	5 μl
DNA	5 μl
D.W.	40 μl
제한효소1	3 unit
제한효소2	3 unit
	50 μl

실시 예2: 서로 다른 종류의 반응 완충액을 사용해야 할 때

㉠ 우선 한 가지 종류의 제한효소로 DNA를 절단한다.

㉡ 증류수를 채워 최종 300 μl로 맞춘 다음 동량의 페놀/클로로포름 포화용액으로 extraction

㉢ 상층액을 취하여 0.1 부피의 3M sodium acetate를 넣고 섞어 준 다음 2배 부피의 냉에탄올을 넣어 DNA를 가라앉힌다.

㉣ −20 또는 −70℃의 냉동고에 10분에서 20분 정도 방치한다.

㉤ 원심분리하여 에탄올을 버리고 70% 차가운 에탄올로 세척한다.

㉥ pellet을 말리고 소량의 증류수로 펠렛을 녹인다.

㉦ 또 절단할 제한효소 반응액을 조제하여 DNA를 절단한다.

5. 유전자 클로닝(gene cloning)

1) Gene cloning의 정의

유전자 클로닝(혹은 유전자 복제)은 재조합 DNA(recombinant DNA) 실험에서 특정한 DNA 단편을 제한효소(restriction enzyme)를 사용하여 벡터(vector) DNA에 결합하여 숙주세포에 도입시켜 그 DNA 단편을 증폭시키는 조작을 뜻한다.

PCR을 하여 증폭을 시키더라도 많은 양을 증폭할 수는 없기 때문에 cloning을 이용하여 짧은 시간에 다량으로 복제하는 데 이용되기도 한다. 즉, 유전자 및 같은 형질을 가진 개체의 집합을 만드는 과정을 말한다.

2) Gene cloning의 목적

Gene cloning은 실험을 디자인하고 계획하는 데 있어 특정 단백질의 기능 및 특성을 결정하는 목적에 따라 다양한 기술을 제공한다. Gene cloning으로 DNA를 자르고 붙이고 변형시켜서 실험에 필요한 재조합 DNA를 제조할 수 있다. Gene cloning은 고급 기술구현에 기본 발판을 마련해 줄 수 있다.

3) gene cloning의 과정

얻고자 하는 유전자를 어떤 방법으로든 얻어내고 이 DNA 조각을 vector에 삽입하고 bacteria로 주입한다. 그런데, 이렇게 삽입하는 과정에서 원하는 bacteria뿐만 아니라 DNA가 안 들어간 것, 잘못된 DNA가 들어간 것 등등 여러 가지 가능성이 생기기 때문에 gene cloning의 마지막 과정은 이 중에서 올바른 clone을 찾아내는 과정이 필요하다.

(1) 원하는 유전자를 얻어낸다.

우선 어떤 종(species)에서 실험해야 하는가를 결정해야 한다. 그 다음으로 중요한 것은 특히 mRNA를 이용하는 경우에 반드시 어떤 장기를 사용해야 하는가이다. 각 장기들에서 DNA는 대개 같다고 볼 수 있지만 mRNA는 있을 수도 있고 없을 수도 있고 구조가 다를 수도 있다. 따라서 자신이 얻고자 하는 유전자가 잘 발현되는 장기를 선택해야 한다. 실험의 편의를 위해 살아있는 장기가 아닌 배양세포에서 실험하는 경우가 있는데, 이때에는 반드시 그 세포가 어떤 종의 어떤 조직에서 유래하였는가, 그리고 특성이 무엇인가를 세심하게 살펴야 한다.

유전자를 얻는 방법으로는 Library screening과 PCR(polymerase chain reaction) 방법이 있다. Library screening은 처음으로 어떤 유전자를 cloning할 때 쓰는 방법인데, 상당히 시간이 걸리고 어려운 방법이므로 대부분 PCR을 사용한다. PCR을 사용할 때는 우선 증폭할 부분이 어딘지 먼저 정해야 한다.

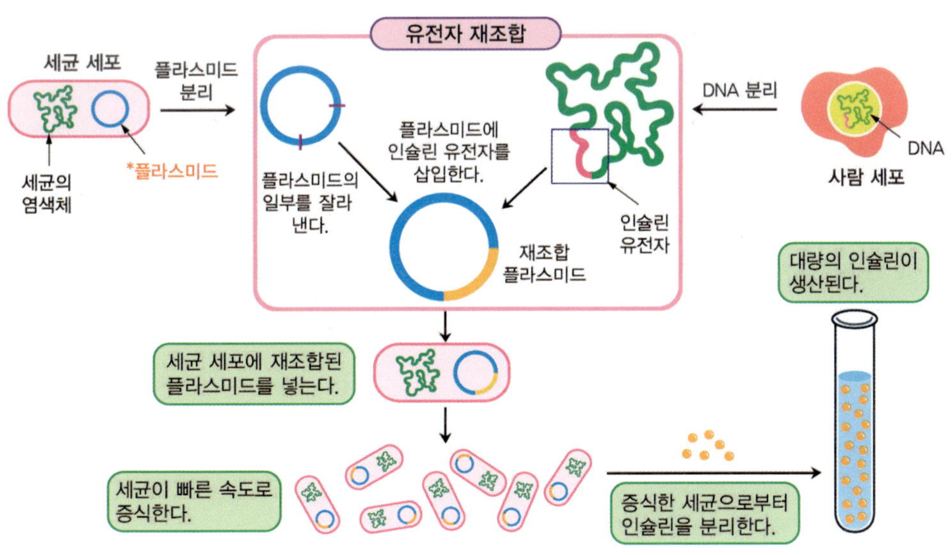

그림 6-10 유전자 클로닝의 과정

(2) 유전자를 vector에 삽입한다.

① 세포 내에서 자가복제를 한다.

Vector로 쓰는 DNA들은 세포 내에서 자가복제를 한다. vector는 한 세포 내에서도 스스로 복제하여 수많은 copy가 존재할 수 있다. (이런 성질을 실험에 이용)

② 항생제를 이용한 선택이 가능하다.

Vector에 존재하는 항생제 내성 유전자를 이용하면 DNA가 세포 내로 주입되었는지 아닌지를 판별할 수 있다. Gene cloning에서는 내가 원하는 유전자가 세포 속으로 들어갔는지가 중요하기 때문에 이런 기능은 필수적이다.

③ Multiple cloning site(MCS)를 이용할 수 있게 해준다.

실험실에서 사용하는 vector는 일정 부위에 제한효소 절단 부위가 밀집된 부분이 있어서 cloning에 용이하다. 때로는 이 부분을 이용하여 자신이 원하는 구성물을 자유자재로 만들 수도 있다. Multiple cloning site가 없는 vector는 이용 가치가 거의 없다.

④ Vector 부위를 이용한 DNA sequencing(DNA 서열분석법), 단백질 발현 등을 할 수 있게 해준다.

Vector의 종류에는 plasmid, bacteriophage, cosmid, phagemid 등이 있는데 가장 널리 쓰이는 것은 plasmid이다.

(3) 유전자가 삽입된 DNA를 세포 내로 주입한다.

Transformation(형질전환)이란 DNA를 bacteria 세포 내로 주입하는 과정이다.

Transfaction 방법

① Chemical method

- Calcium phosphate를 이용한 방법
- Liposome을 이용한 방법

② Physical method

- Electroporation
- Microinjection

③ Virus를 이용한 방법

- Retrovirus
- Adeno 또는 adeno-associate virus

Transformation 과정

Competent cell을 꺼내어 녹인 다음, 준비해 왔던 DNA ligate를 섞어서 얼음에 30분 두고, 이어 42℃에서 90초간 heat shock을 준 다음 배지에 깐다.

Competent cell이란 정상적인 bacteria에 화학적 처리를 하여 DNA가 잘 들어갈 수 있게 만든 cell을 의미한다.

(4) 올바른 clone을 선택한다.

4단계는 얻어낸 colony 중 원하는 clone을 찾아보는 과정이다. 즉, DNA를 분리하고 염기서열을 검증하여 올바른 DNA가 분리되었는지를 확인하는 것이다. Colony 중에서 맞는 균주를 확인하기 위해서는 균주에서 직접 DNA를 분리하여 DNA 염기서열을 확인한다.

Gene cloning을 하고 난 후 보관방법

① Sequencing에서 확인된 colony를 LB 배지에 배양한 후, glycerol을 10~50% 첨가하여 cryotube 에 넣어 −70℃ 이하에서 냉동 보관한다.

② 두 번째 사진이 균을 키운 모습이다. 여기에 glycerol 첨가 후 얼려서 차곡차곡 보관한다.

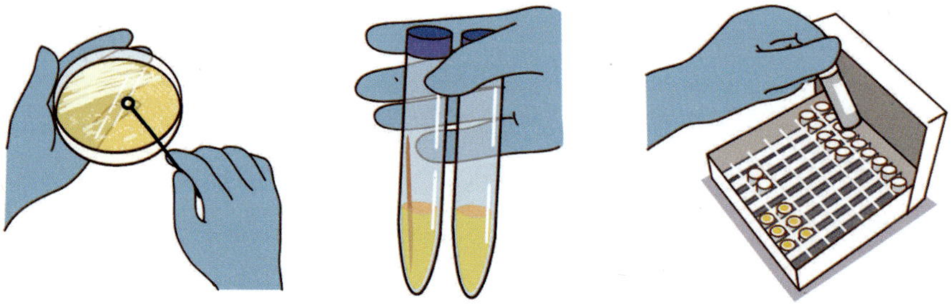

그림 6-11 콜로니의 선별 및 보관

4) gene cloning의 중요성

Gene cloning이 중요한 이유는 세포가 함께 가지고 있는 모든 다른 유전자들로부터 분리된 하나의 개별 유전자의 순수한 샘플을 제공할 수 있기 때문이다. 클로닝 실험에서 클로닝 될 DNA단편은 수많은 다른 단편들과 혼합되어 있으며 재조합체 중에는 클로닝 될 DNA단편이 삽입된 클론이 존재하게 된다. 클로닝 실험의 성공과 실패의 열쇠는 수많은 클론들 중에서 관심 있는 클론을 동정하는 능력에 달려있다. 비교적 간단한 생물체인 대장균(*E. coli*)의 경우 4,000개의 유전자 부위가 존재하고 사람의 경우는 대장균의 약 20배나 된다. 따라서 원하는 클론을 선별하기 위한 기술이 필요하다. 즉, 특정 유전자의 분리 및 발현 조사를 위해 중요하다.

5) Gene cloning 기술의 이용성

① 생명공학에 있어서 다양한 이용가능성을 엿볼 수 있다.

② 호르몬과 약품생산에 획기적인 기술혁신을 가져올 것이라고 예상된다.

③ 대장균 내에서 여러 가지 동물 단백질을 합성 가능하게 한다.

④ 항암, 감기치료, 항바이러스 치료제로 쓰이는 인터페론이 합성되었다.

6) Gene cloning 기술의 이용

유전자 클로닝을 이용하여 유용한 유전자를 선별하여 대장균과 같이 손쉽게 키울 수 있는 미생물에 클로닝 한 유전자를 삽입하여 원하는 단백질을 얻어낼 수 있다. 이런 방법을 이용하여 인슐린과 같은 고가의 의약품을 생산할 수 있다. 클로닝 된 유전자를 대장균과 같은 세균 DNA에 삽입하는 것을 DNA 재조합이라 하며, DNA 재조합 과정은 아래와 같다.

① 플라스미드 DNA를 외래 DNA절편을 만드는 데 사용했던 제한효소로 절단한다(같은 제한효소로 처리해야 한다).

② 이렇게 처리된 플라스미드의 점착성 말단은 삽입시킬 DNA절편의 점착성 말단과 같게 된다.

③ 외래 DNA와 벡터를 리가아제 효소를 이용하여 결합시킨다.

④ 그 다음 칼슘으로 세포벽의 투과성을 높인 competent cell(반응능 세포)에 이 플라스미드 DNA를 첨가해준다. 그러면 세균은 플라스미드를 흡수하게 된다.

⑤ 도입된 DNA는 세균이 세포분열을 할 때마다 함께 복제된다.

6. 면역조직화학

1) 정의

면역조직화학적 검사란 항원과 항체간의 반응을 이용하여 세포나 조직 내에 존재하는 물질을 확인하는 면역염색법이다. 항원 항체가 일으키는 반응에서 예민성과 특이성을 이용한 것으로 조직 내의 단백질이 세포질 내에 만들어지며 그 단백질에 대한 생성물질을 검출하는 염색법으로 일차항체를 결합시키고 그 항체에 대한 이차항체를 육안으로 찾아볼 수 있도록 하는 방법으로 면역글로블린, 호르몬, 효소 및 종양의 Maker 검출 등의 병리조직 분야와 진단에서 어느 부위가 단백 발현을 하는지를 현미경하에서 직접 눈으로 관찰하는 형태학적 검사이다. 면역조직화학적 검사를 이용하여 검출하는 항원은 단백, 다당류, 핵산 등의 고분자 물질이며, 항원에는 항체를 식별하는 특정한 부위가 있는데, 이를 항원 결정부위(epitope)라고 부르며, 일차항체가 선택적으로 항원 결정부위와 결합한다.

일차항체(primary antibody)는 단클론 항체(monoclonal antibody)와 다클론 항체(polyclonal antibody)로 구분된다. 항원의 분자량이 크면 항원 결정부위가 많아서 여러 종류의 항체를 생성할 수 있다. 한가지의 항원에 존재하는 다수의 항원 결정 부위에 각각 결합할 수 있도록 여러 종류의 항체가 혼합된 항혈청을 다클론 항체라 한다. 이에 비하여 한군데의 항원 결정부위와 결합할 수 있는 항체를 단클론 항체라 한다.

면역조직화학적 검사방법은 직접법(direct method)과 간접법(Indirect method)으로 크게 구분할 수 있다. 간접법은 표지물질을 결합시킨 항체를 사용하는 표지항체법(label conjugate antibody)과 비표지항체법(unlabelled antibody method)로 구분된다.

직접법은 일차항체에 효소를 부착시켜서 염색에 이용하는 방법이다. 간접법 가운데 가장 간단한 표지항체법은 일차항체에 효소를 부착하지 않고, 일차항체의 Fc 부분에 특이성을 갖는 이차항체에 효소를 부착하여 사용하는 방법이다. 비표지항체법은 일차 혹은 이차항체에 표지물질을 부착시키지 않는 방법으로 민감성이 매우 높은 방법이다. 일반적으로 직접법은 간접법에 비하여 비특이적인 염색이나 배경 염색(background staining)이 적지만 각각의 항체마다 효소를 부착해야 하는 어려움이 있다. 이에 비하여 간접법은 각각의 항원에 대한 일차항체를 제조한 동물이 동일한 경우에는 이차항체를 공통적으로 사용할 수 있고, 여러 과정을 거치면서 반응의 강도를 증가시킬 수 있다. 간접법은 시간이 많이 소요되고 검사과정이 복잡하며, 비특이적인 반응이나 배경이 염색되는 단점이 있으나, 최근 자동 및 반자동 염색기의 개발 등으로 시간이 단축되었고, 민감성을 갖는 시약의 개발 등으로 비특이적인 염색이 개선되었다.

2) 면역조직화학법의 목적

Western blotting은 protein이 어떤 조직에서 발현되는지 그 여부만을 밝히는 것임에 비하여 면역조직화학법은 조직의 어떤 부위에서 protein이 발현되는가를 밝힌다. 마치 Northern blotting이 mRNA의 발현 여부만을 밝히는 것임에 비하여 *In situ* hybridization은 mRNA가 발현되는 정확한 부위를 밝힐 수 있는 방법이 된다는 것과 유사한 비유가 된다.

면역조직화학법은 발현조직의 부위 즉 형태(morphology)를 밝힐 수 있는 방법으로 Western Blotting 방법이 발현 여부만을 알 수 있는 기술검사라면, 면역조직화학법은 조직의 어떤 부위에서 단백이 발현되는가를 정확히 육안으로 관찰하는 일종의 분석검사하고 할 수 있다. 면역조직화학검사는 지금까지 형태학적인 소견만으로는 진단을 내리기 어려운 점을 보완해 주고 있으며, 형태학적 변화가 미세하거나 경계성 병변(borderline lesion)인 경우에 정확한 진단을 내릴 수 있도록 객관적인 정보를 제공하여 주고 있다.

연구자들은 세포나 조직에 존재하는 항원의 검출을 위한 일차항체의 개발을 위하여 노력을 계속하고 있으며 앞으로 보다 더 민감하고 특이성을 갖는 검사방법을 개발하고 있다. 따라서 면역조직화학적 검사는 임상의들이 진단 및 연구에 이용할 수 있는 간편하고 유익한 검사방법이 될 것으로 생각된다.

3) 검사의 원리

어떤 유전자가 발현된다면 해당되는 protein이 세포질 내에 만들어지게 되므로 슬라이드 위의 조직에다 그 protein에 대한 primary antibody를 결합시키고, 그 antibody에 대한 secondary antibody에 어떤 표식을 하여 다시 결합시킨 후, 그 표식을 어떤 예민한 검출방법을 이용하여 육안적으로 알아볼 수 있도록 함으로써 특정 단백의 발현이 어떤 세포의 어느 부위에서 발현되는지를 밝히는 것이다.

현재 검출방법으로써 가장 널리 사용되고 있는 것은 Avidin-Biotin-enzyme Complex(ABC)로 아비틴-바이오틴-효소복합체 검출법이다. secondary antibody를 바이오틴으로 표지하여 primary antibody와 결합시키고 알칼리성 인산 분해효소, 페록시다아제, 글루코오스 산화효소, 갈락토시다아제 같은 효소를 역시 바이오틴으로 표지한 후 아비딘을 첨가하면 혼합체가 형성된다. 이후 효소가 분해할 수 있는 substrate와 발색 염료를 함께 첨가하면 조직의 특정 부위에 발색되는 부위를 현미경하에서 관찰할 수 있다.

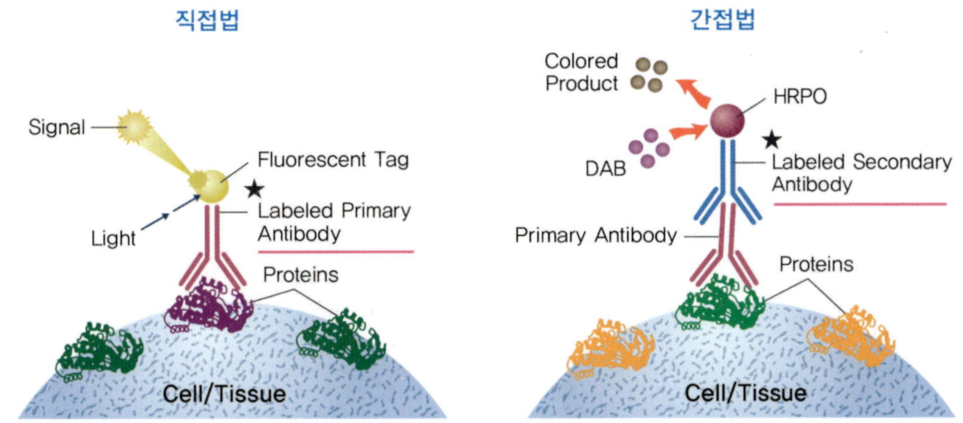

그림 6-12 면역조직화학 원리

* HRPO (Horseradish Peroxidase): 2차 항체와 결합하여 특정 기질(예: DAB)을 산화시켜 색 반응을 유도
* DAB (Diaminobenzidine)

4) 면역조직화학법의 방법

신선한 조직의 냉동절편을 만들거나 고정액에 고정된 조직을 파라핀에 굳혀서 절편을 만들어서 슬라이드 위에 붙여 놓는다. 냉동절편을 만든 경우 조직을 건조시킨 후 고정액에 잠시 담가서 고정한 후 −70℃에 보관하거나 곧이어 실험에 이용한다.

Paraffin 속에 굳힌 조직은 우선 paraffin을 제거하고 나서 항체 결합 반응을 시행한다. 항체 결합반응을 위한 많은 키트들이 상품화되어 있어 적당한 것을 선택하여 그곳에 소개되어 있는 실험 절차와 주의사항에 따라 사용하면 된다.

Horseradish peroxidase(HRP)가 ABC의 효소로서 가장 흔히 사용되고 있는 것 중의 하나이므로 이 방법을 설명하면 먼저 조직이 고정되어 있는 슬라이드를 적절한 완충액으로 세척하여 고정액을 제거한다. 그 조직이 원래 가지고 있는 peroxidase의 활성을 없애기 위해 H_2O_2가 포함된 완충액 속에서 잠시 처리한 후 다시 완충액으로 세척한다. 결합항체의 비특이적인 결합을 방지하기 위하여 일차항체나 이차항체와 아무런 반응이 없는 동물의 혈청을 5~10% 농도로 완충액에 타서 실온에서 30분~1시간 정도 반응시킨 다음, 다시 완충액으로 남아있는 혈청을 세척한다. 검출하기 원하는 protein에 대한 항체를 1:1000~1:2000 정도로 희석하여 조직 위에 떨어트리고 실온에서 2~4시간 배양하거나 4℃에서 하룻밤 동안 배양한다. 완충액으로 남은 일차항체를 세척해내고, 다시 바이오틴으로 표지된 이차항체를 완충액으로 희석하여 조직위에 떨어트리고 1~2시간 배양한다. 다시 완충액으로 남아있는 이차항체를 철저하게 세척해 낸다. ABC를 완충액에 희석하여 조직 위에 떨어트리고 1시간 정도 실온에서 반응시킨 다음 완충액으로 깨끗하게 세척한다. peroxidase의 기질이 되는 H_2O_2를 희석한 완충 용액을 다시 조직 위에 떨어트리고 5~30분간 반응시켜 발색시킨 다음 물로 세척하여 발색 반응을 정지시킨다. 세포 개개의 세포 윤곽을 파악하게 위하여 충분히 발색된 슬라이드를 대조 염색한 후, 커버 슬립을 덮어 영구 보관하는 슬라이드를 만들어 광학 현미경 하에서 관찰하도록 한다.

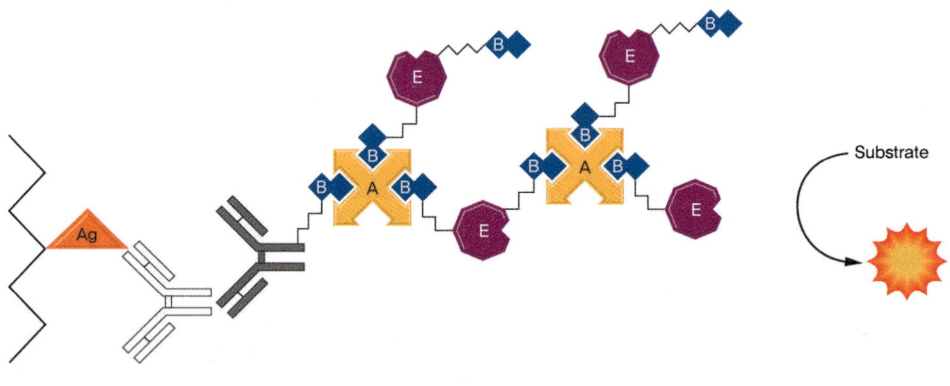

그림 6-13 아비딘-비오틴을 이용한 면역조직화학 발색반응

* Ag: antigen
* A: Avidin
* B: Biotin
* E: Enzyme

5) 면역조직화학법의 결과해석

효소와 염색약을 어느 것을 쓰는 것에 따라 색이 다르게 나타나는데 페록시다아제에 발색제로 사용되는 것으로는 갈색을 내는 3,3'-diaminobenzidine tetrahydrochloride (DAB)와, 붉은색을 내는 3-amino-9-ethyl carbazol(AEC), 푸른색을 내는 4-chloro-1-naphthol (4CN)과 benzidine dihydrochloride 등이 있다.

면역조직화학법에 의하여 항원항체 반응이 특이적으로 이루어진 경우 위 기술한 발색제에 따라 조직 내에 반응된 부위에 특징적인 색깔을 볼 수 있다. 현미경으로 면역조직화학법 수행한 조직을 관찰하여 특정 세포의 세포 내 또는 세포핵에서 특이적인 색깔을 관찰한 경우, 검출하려고 하는 항원이나 항체가 그 세포의 발색 부위에 존재하는 것으로 판정할 수 있다. 이러한 결과를 이용하여 특정 병원체의 진단, 병리기전 및 특정 항원 단백질의 세포 내 발현 여부를 형태학적으로 관찰할 수 있다. 면역조직화학법의 최대 장점은 세포의 구조를 확인하는 상황에서 특정 부위에 항원 단백질의 존재 유무를 육안으로 형태학적으로 직접 관찰할 수 있다는 점이다. 이러한 원리로 면역조직화학법을 이용하여 특정 항원단백질 또는 유전자나 신경 세포의 항원 단백 발현 부위와 유무를 찾을 수 있다.

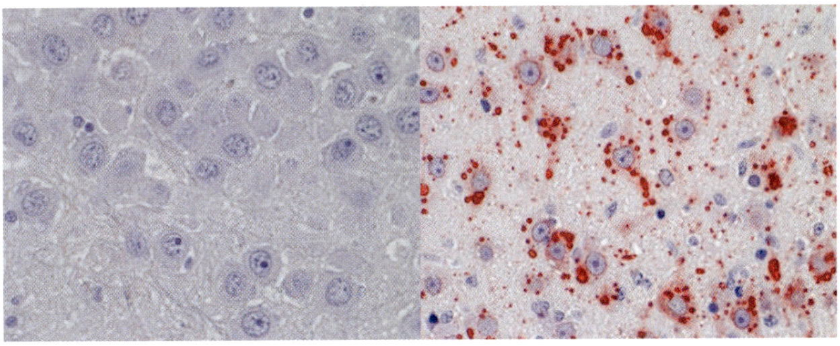

그림 6-14 면역조직화학 염색을 통한 광견병 바이러스에 감염된 뇌 조직(양성, 오른쪽)과 정상(음성, 왼쪽)

출처: https://www.cdc.gov/rabies/php/laboratories/diagnostic.html

7. 효소결합면역흡착반응 (Enzyme-Linked Immunosorbent Assay, ELISA)

1) 기본 개념

(1) Antigen과 Antibody

항원(antigen)과 항체(antibody)는 면역학적 용어이다. 항원이란 면역반응을 유발할 수 있는 물질을 뜻하며, 면역반응은 항체생성이나 면역학적으로 활성화된 T-세포의 자극을 포함한다. 그리고 항체란 항원의 자극에 의해서 생체 세포가 생성하는 특수한 혈청단백, 즉 immunoglobulins이며, 자극한 해당 항원과 특이적으로 반응하는 물질이다. 중요한 점은, 항체는 자극한 항원들에 대해서 특이성을 나타낸다는 것입니다. 일반적으로 항체는 항원과 부분적으로 동일한 물질들과 교차반응을 하지만 항원과 구조상 전혀 관계가 없는 물질들과는 반응하지 않는다. 이런 면역학적인 원리를 생명과학연구에 이용한 것 중에 하나가 효소결합면역흡착반응(ELISA, Enzyme-Linked Immunosorbent Assay)이다. ELISA는 현재 가장 널리 사용되고 있는 면역화학적 기술 중 하나로써 항원과 항체의 친화성을 이용하여 항원 또는 항체를 검출하는 반응법이다,

(2) ELISA의 원리 및 활용

ELISA는 1971년 스웨덴 스톡홀름 대학의 Peter Perlmann과 Eva Engvall. 에 의해 소개되었다. 일반적으로 혈액 내 항체 또는 항원농도를 측정하는 데 사용되는 실험실 기술로서 펩타이드, 단백질, 항체, 호르몬 등의 물질을 정량화 할 수 있다. 항체에 결합된 효소는 무색의 기질과 반응하여 색깔을 나타내는데 이러한 기질을 발색성 기질이라고 한다. ELISA에는 알칼리성 인산분해효소(alkaline phosphatase), 서양고추냉이 과산화효소(horse radish peroxidase, HRP) 등의 다수의 효소가 사용되어 왔다. 또한 특정 기질로는 오르토페닐디아민이염산염(orthophenyldiamine dihydrochloride)과 파라니트

로페닐 인산염(paranitrophenyl phosphate) 등이 위의 효소에 의해 가수분해되어 특정 색깔을 나타내는 데 사용된다.

일반적으로 ELISA는 96 well 폴리스티렌 마이크로플레이트(Microplate)에서 수행된다. 항체검사의 경우 혈청은 well에서 반응시키는데 각 well에는 다른 혈청 샘플이 이 주입되어 반응하게 된다. 양성 대조군 혈청 및 음성 대조군 혈청이 검사용 샘플에 포함되어 테스트하게 된다. 혈청에 존재하는 항체를 결합시키기 위해 폴리스티렌 마이크로플레이트의 고체 표면에 항원이 코팅되어 있다. 항원–항체 반응이 일어난 후 마이크로 플레이트를 일련의 세척 버퍼로 세척하여 혈청과 결합되지 않은 항체를 제거한다. 결합된 항체를 검출하려면 퍼옥시다아제와 같은 효소에 부착된 2차 항체 또는 알칼리성 포스파타제가 각 well에 첨가된다. 반응시간이 지나고 결합되지 않은 2차 항체는 세척을 통해 제거하게 된다. 그 다음 적절한 기질을 추가하면 효소가 반응하여 색상을 생성하게 된다. ELISA 절차를 통해 샘플에 존재하는 항체의 양과 상관관계가 있는 색상의 효소 촉매 변화가 발생하며 생산된 컬러는 샘플에 존재하는 항원이나 항체의 정량적인 결과를 얻을 수 있다. 이는 마이크로플레이트 리더기(Microplate Redear)를 이용하여 적정한 파장에서 측정할 수 있다. 이를 통해 색상의 강도는 항원 또는 항체의 양을 나타나게 된다.

ELISA는 빠르고 간단하게 수행할 수 있으며, 많은 수의 샘플을 병렬로 신속하게 처리하도록 설계되었기 때문에 다양한 연구 및 진단 대상의 평가에 매우 인기 있는 선택이 될 수 있다. 항원–항체 반응으로 특이도 특이도(Specificity)를 높일 수 있으며 효소반응을 통하여 높은 민감도(Sensitivity)의 장점을 가지고 있다. 따라서 ELISA의 활용범위는 광범위하다고 할 수 있다. 질병의 진단에 있어서 바이러스, 세균 등 전염병 및 사람과 동물의 질병을 진단법으로 활용된다. 약물의 개발을 위한 임상연구 분야에 있어서 약물의 약동학, 독성학적 연구에 활용된다. 그 외 다양한 생명기초과학 분야에 있어서 면역학, 암기 전 연구, 신경과학 등의 분야의 기초학문의 발달에 응용되고 있다. 산업적으로 식품의 안전성과 기능성 및 약물의 효능 검증 및 개발에 있어서 활용되고 있다.

(3) ELISA의 종류

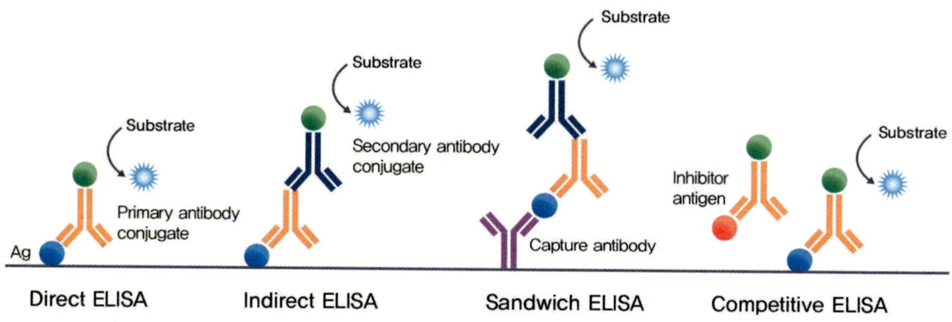

그림 6-15 ELISA 종류

① Direct ELISA(직접검출 ELISA)

직접검출 ELISA는 항원이 마이크로 플레이트의 well에 직접 결합되고 검출(또는 결합) 항체가 직접 접합된다는 사실로 인해 다른 ELISA 방법과 구별된다. 항원 코팅 및 마이크로플레이트 표면에 흡착한 후에 차단제를 첨가하여 검출 항체에 의한 비특이적 결합을 방지한다. 다음으로, 효소가 직접 결합된 검출 1차 항체를 well에 주입한 후, 효소에 대한 기질을 첨가한다. 적정한 반응시간이 경과한 후 반응 정지 용액 추가 후 마이크로 플레이트 리더기에서 신호가 측정된다. 직접검출 ELISA는 널리 사용되지는 않지만 일반적으로 조직과 세포의 면역조직화학적 염색을 위해 활용된다.

② Indirect ELISA(간접검출 ELISA)

직접검출 ELISA와 유사하지만 간접검출 ELISA는 두 번째 결합 항체를 사용하여 목표로 하는 항체를 검출한다. 일반적으로 항원 흡착 및 비특이 반응 차단 등을 포함하여 직접검출 ELISA의 처음 몇 단계는 동일하지만 검출 항체가 추가적으로 사용된다(이 항체는 항원과 결합되지 않는다). 혈청 또는 기타 샘플의 1차 항체가 포함된 물질을 항원이 코팅된 마이크로플레이트의 well에 첨가하고 반응시킨 후 결합되지 않은 1

차 항체는 세척되어 제거되고 결합된 1차 항체는 효소가 결합된 2차 항체를 첨가하여 반응된다. 결합되지 않은 2차 항체는 세척에 의해 제거되고 효소에 대한 특정 기질을 첨가하여 효소는 기질을 가수분해하여 유색 생성물을 형성한다. 96well 마이크로플레이트는 리더기를 통하여 모든 웰의 흡광도를 측정하여 항체는 정량적으로 결정될 수 있다.

③ Sandwich ELISA(샌드위치 ELISA)

항원은 샌드위치 ELISA로 검출하거나 측정할 수 있다. 이 기술에서 항원이 아닌 항체가 마이크로플레이트의 well에 흡착(고팅)된다. 측정하고자 하는 항원이 포함된 샘플이 흡착된 항체와 결합 반응하도록 한다. 마이크로플레이트를 세척한 후 항원 표면의 다른 에피토프에 특이적인 효소 결합 2차 항체가 추가되고 특이적인 반응이 일어나도록 한다. 세척을 통해 결합이 안 된 두 번째 항체를 제거한 후 기질을 첨가하고 착색된 반응 생성물이 측정된다.

④ Competitive ELISA(경쟁반응 ELISA)

경쟁반응 ELISA는 다른 ELISA에 비하여 항원의 양을 측정하는 데 있어서 매우 민감한 반응 도출할 수 있다. 이를 위해 항체를 먼저 항원이 포함된 샘플용액에서 반응하는 단계를 가진다. 다음 단계에서 항원-항체 혼합물을 항원이 코팅된 마이크로플레이트 well에 주입하여 반응하도록 한다. 초기 반응 용액상 샘플에 더 많은 항원이 존재할수록, 항원이 코팅된 well에 결합할 수 있는 항체의 양이 적게 된다. 결합되지 않은 항체는 세척에 의해 제거된다. 1차 항체의 isotype에 특이적인 효소가 결합된 2차 항체를 1차 항체의 정량검사를 위해 마이크로플레이트 주입하여 반응시킨다. 경쟁적인 반응에 의하여 본래 샘플 중 항원 농도가 높을수록 최종 효소반응 농도는 낮아진다. 기질이 첨가된 후 생성된 색상의 신호는 샘플에 존재하는 단백질의 양에 반비례하게 검출된다.

2) ELISA 적용기술

(1) 상용화된 ELISA 키트

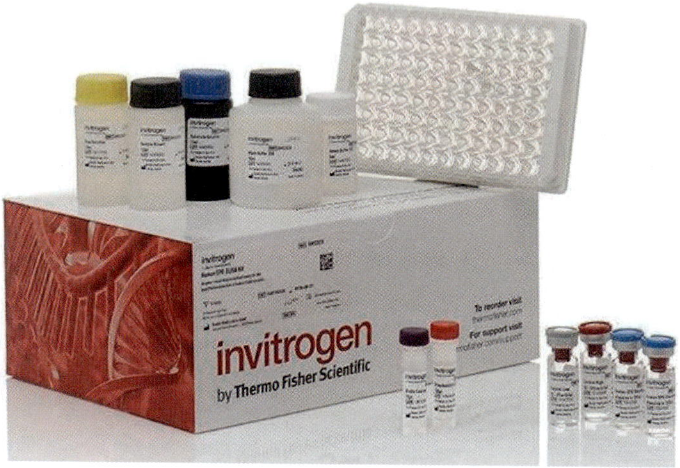

그림 6-16 상용화 ELISA 키트(코로나-19 바이러스 중화항체 검출 ELISA Kit)

출처: https://www.thermofisher.com

고품질의 최적화된 ELISA 키트는 이를 사용하는 연구자나 진단을 수행하는 사람들에게 신뢰성을 주며 일관된 결과를 통해 표적으로 삼는 특이적 단백질을 측정하는 데 유용한 수단으로 사용된다. 전문기업에서 제작하여 판매하는 ELISA 키트는 병원이나 실험실 현장에서 즉시 사용할 수 있는 키트와 사용자가 사전에 주문하여 최적화된 시약을 포함하여 자신만의 분석법을 설계할 수 있는 다양한 ELISA 키트 형식을 사용할 수 있다. ELISA 키트에 적용하는 다양한 종의 항체를 이용함으로써 인간, 마우스, 쥐, 영장류, 개, 돼지, 소, 말, 고양이를 포함한 다양한 종에 대한 표적 단백질을 검출할 수 있다. 전 세계적으로 빠르게 급변하는 생명과학 분야와 신약개발 분야에서 가장 널리 사용되고 있는 방법 중 하나이다. 기존에 상용화된 ELISA 형식 외에도 현재 ELISA 기법은 진단을 위한 면역센서의 발전과 더불어 기본적인 형태의 ELISA type에서 더욱 발전하여 전자동으로 샘플을 준비할 수 있는 장치나 반응, 발색, 그리고 측정까지 이루어지는 자동화 시스템을 사용하는 시스템을 적용하는 개발이 이루어지고 있다. 또한 실험실이나 병원 외의 장소에서도 쉽게 검출할 수 있도록 하는 소형화 기기를 이용하거나 적은 샘플에서 여러 가지 항원, 항체를 동시에 검출해 낼 수 시스템이 개발되고 있다. 이러한 개발은 높은 민감도와 특이도를 가진 항원, 항체 개발에도 노력을 기울이고 있다.

(2) 상용화 ELISA 키트의 실험방법

① ELISA 키트의 구성품인 96well 플레이트에 마이크로 피펫을 사용하여 샘플 희석제 50 μL를 각 well에 주입한다.

② 표준곡선용 시약 및 검사를 위한 샘플 100 μL를 마이크로 피펫을 사용하여 well에 주입한다. 그리고 플레이트를 5초 동안 가볍게 흔들거나 두드려 주입된 용액이 잘 섞이게 하고 플레이트 뚜껑을 덮어 실온에서 2시간 동안 배양한다.

③ well의 내용물을 털어 버리거나 흡인하여 제거하고 준비된 세척버퍼액 300 μL를 well에 주입한 후 제거하여 프레이트를 세척한다. 앞의 세척 방법을 4회 반복하고 마지막 세척 후 흡수지 위에서 잔여 버퍼액을 완전히 제거한다.

④ 준비된 검출 시약 100 μL를 well에 추가하고 뚜겅을 덮고 실온에서 1시간 동안 배양합니다.

⑤ ③번의 플레이트 세척과정을 반복한다.

⑥ 각 well에 TMB 기질 시약 100 μL를 추가하고 플레이트를 암실에서 실온 30분 동안 배양한다.

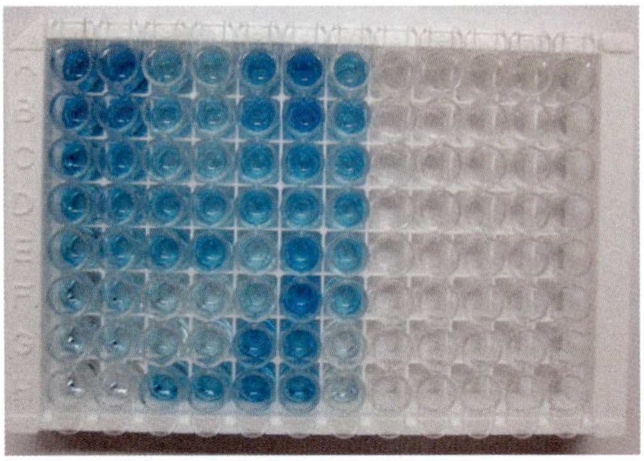

그림 6-17 **ELISA 플레이트에 기질시약 반응결과**

출처: https://commons.wikimedia.org(Kim.kan, 2017)

⑦ 각 well에 반응 정지 용액 50 μL를 추가한다.

⑧ 반응 중지 후 30분 이내에 마이크로플레이트 리더기를 사용하여 450 nm에서 흡광도를 판독한다.

8. Hybridization

1) Hybridization의 원리

두 가닥의 DNA에 열을 가하거나 화학적인 처리를 하여 한 가닥 DNA로 만드는 과정을 변성(denaturation)이라고 하며, 다시 온도를 내려주거나 화학적으로 원상복구해 주면 각각 한 가닥으로 변성되었던 DNA가 상보적인 염기서열을 가진 상대 DNA와 다시 두 가닥으로 결합하는데 이 과정을 renaturation이라고 한다.

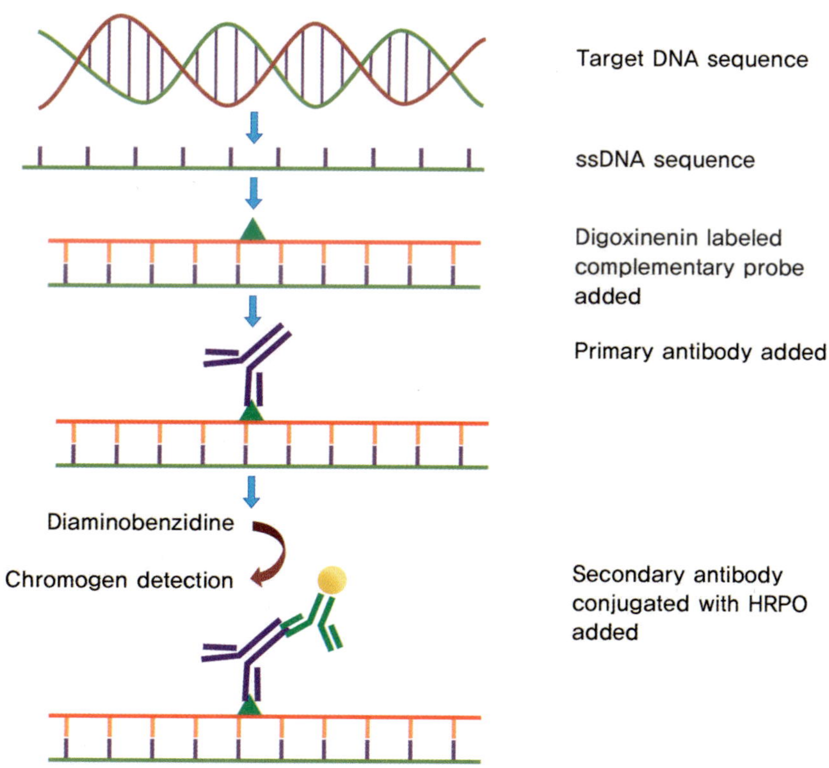

그림 6-18 Hybridization의 원리

이와 같이 한 가닥으로 된 핵산이 이와 상보적인 염기서열을 가진 또 다른 한 가닥의 핵산과 적당한 조건에서 이중나선(DNA-DNA 또는 DNA-RNA)을 형성하는 현상을 Hybridization이라 고한다.

Hybridization을 이용하면 찾고자 하는 표적 유전자 부위를 찾을 수 있다. 즉, 찾고자 하는 표적 핵산을 한 가닥으로 만들어 주고 그 표적 핵산에 붙을 수 있는 상보적인 염기서열을 가진 또 다른 한 가닥의 핵산을 프로브로 만들어 이 프로브를 표적 핵산에 Hybridization 시켜준다. 이때 프로브가 표적 핵산에 붙은 것을 알기 위해서는 프로브에 reporter 물질을 붙여주는데 이 과정을 labeling이라고 한다. Reporter로 사용되는 물질로는 방사성동위원소, 발색반응을 일으키는 분자, 혹은 발광반응을 일으킬 수 있는 분자 등이 사용된다. 표적유전자에 결합한 프로브의 reporter가 방출하는 시그널을 감지(detection)하는 것으로 Hybridization을 이용한 실험 과정이 모두 끝나게 된다.

Hybridization 방법은 1975년에 Southern이라는 사람이 처음 개발한 방법으로 이후 다양한 방법으로 변형되어 진단분자생물학 분야에서 유용하게 사용되고 있다. 우선 Southern blot hybridization법에 대해 자세히 살펴보기로 한다.

2) Hybridization 방법의 종류

Hybridization은 표적의 종류에 따라 크게 DNA를 표적으로 하는 Southern blot hybridization과 RNA를 표적으로 하는 Northern blot hybridization, 그리고 단백질을 표적으로 하는 Western blot hybridization이 있다. Southern blot hybridization이란 사람이 개발한 방법이어서 고유명사화되어 있는 것과는 대조적으로 Northern blot이나 Western blot은 Southern과 비교되도록 명명한 것이다.

3) Hybridization 영향을 주는 요인들

사용하는 프로브가 원하는 표적에 얼마나 정확하게(specificity: 특이도) 잘(sensitivity: 민감도) 붙느냐 하는 정도가 hybridization을 이용한 검사의 성패를 가늠하게 된다. 정확하다는 것은 프로브 분자와 결합하는 표적 분자와의 염기서열이 mismatch된 염기의 수는 hybridization이 일어나는 조건의 stringency와 밀접한 연관이 있다. 즉, stringency가 높을수록 프로브와 표적간의 mismatch 될 확률이 적어지며, 따라서 stringency가 높은 환경에서 수행된 검사는 특이도가 높아지게 된다. 하지만 필요 이상 hybridization에 영향을 주는 요인을 잘 조절해야만 hybridization을 이용한 검사의 특이도와 민감도를 원하는 정도로 얻을 수 있게 된다. hybridization의 stringency에 영향을 주는 요인에는 다음과 같은 것들이 있다.

(1) 프로브(probe) 선택

프로브는 20 mer의 올리고뉴클레오티드에서 몇 kb에 이르기까지 다양한 길이일 수 있는 DNA 혹은 RNA 조각으로, 방사선동위원소나 효고, 혹은 발광 및 발색 반응을 낼 수 있는 효소결합이 가능한 분자로 표지된 핵산조각을 말한다.

핵산의 길이가 50개 이하인 경우를 대개 올리고 뉴클레오티드라고 하는데 올리고 뉴클레오티드 프로브는 보통 합성을 의뢰하여 만든다. 올리고뉴클레오티드 프로브인 경우에는 표적에 좀 더 빨리 hybridization하며 hybridization 조건을 엄격하게만 조절하면 한 개의 염기서열 차이도 검출한 수 있어 돌연변이 검출 실험 등에 매우 유용하다는 장점이 있다. 그러나 역으로 hybridization 조건이 엄격하지 않으면 정확한 표적뿐 아니라 다른 부위에도 쉽게 결합하여 검사의 정확도를 떨어뜨리기 쉽다.

대개 두 핵산 간의 결합은 DNA : DNA 〈 DNA : RNA 〈 RNA : RNA의 순으로 강해서 표적이 DNA인지 RNA인지와 이때 사용하는 프로브가 DNA인지 RNA인지에 따라 알맞게 조절해야 한다.

(2) Hybridization과 수세조건

프로브가 표적에 결합하는 hybridization 과정을 결합한 프로브 가운데 비특이적으로 결합한 프로브를 씻어내기 위해 하는 수세 과정의 stringency가 hybridization검사의 특이도와 민감도를 결정한다. hybridization과 수세과정의 stringency에 영향을 주는 요인은 매우 다양할 수 있으나 주요한 요인은 hybridization과 수세 과정에 사용하는 완충액의 온도와 염농도라 할 수 있다. 예를 들어 완충액의 온도가 높을수록, 염농도가 낮을수록 stringency가 높아진다.

4) DNA chip

매우 작은 금속 또는 유리 표면에 수천, 수만 종의 DNA를 고민도로 부착시키고 이들 DNA와 hybridization되는 유전자를 초고속으로 분석하는 장치이다. DNA칩의 종류는 올리고 뉴클레오티트 칩, cDNA 마이크로어레이 칩이 있다.

(1) 올리고뉴클레오티드 칩

20~50개의 뉴클레오티드로 이루어진 DNA 프로브를 집적하는 것으로 4개의 뉴클레오티드(A, G, C, T)의 조합으로 이루어진 프로브와 시료 DNA를 hybridization시키면 둘의 염기서열 일치 정도에 따라 시그널 크기가 변화하는 것을 이용한다. DNA 염기서열을 밝히거나 돌연변이 된 염기서열의 분석에 사용된다.

(2) cDNA microarray chip

이미 밝혀진 ORF(open reading frame)을 칩에 집적하는 것으로 생체 내 mRNA를 분리하여 역전사효소로 cDNA를 합성한 뒤, 칩에 집적된 ORF와 hybridization시키면 그 발현량에 따라 시그널 크기에 변화가 생긴다. 이를 이용하여 특정 유전자의 발현 정도를 분석할 수 있다.

9. 웨스턴블랏(western blot)

1) 웨스턴블랏의 기본 개념

단백질 전기영동은 세포 내의 개개의 단백질 성분을 분리하는 기본적인 기술이라 할 수 있었다. 그러나 특정 단백질만을 순수하게 검출하는 데는 이용할 수 없기 때문에 새로운 기술이 필요했고 1979년 Towbin이 새로운 기술을 개발하였다. 이 기술은 전기영동을 한 polyacrylamide gel로부터 nitrocellulose membrane으로 단백질을 이동시켜 항체를 이용하여 특정 단백질만을 검출하는 방법 이였다. 이것이 western blot의 탄생이라 할 수 있다.

DNA를 검출할 수 있는 Southern blot, RNA를 검출하는 Northern blot, 단백질을 검출하는 Western blot은 분자생물학의 중요한 3대 요소를 검출하는 가장 기본적이고 중요한 기술이라 할 수 있다.

Western blot은 준비된 sample을 SDS-PAGE를 통해 단백질들을 분리하고, 이 단백질들을 membrane으로 옮기는 과정을 말하며 membrane으로 옮겨진 단백질은 항체를 이용하여 검출할 수 있다. 아래 그림은 transfer된 특정 단백질을 검출하는 과정을 나타내는 모식도이다.

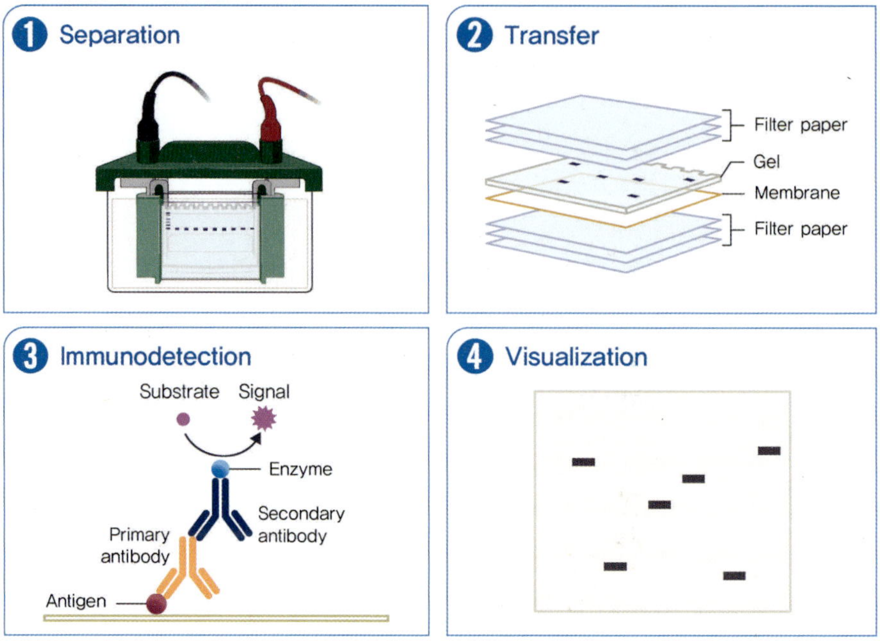

그림 6-19 Western blot 원리

2) Blotting이란?

SDS-PAGE가 단백질을 SDS로 (-) 전하를 띄게 한 후 size 별로 분리하는 과정이라면 western blotting은 분리된 단백질을 그대로 membrane으로 옮기는 과정이다. 이 과정 또한 단백질이 SDS로 인해 (-) 전하를 띄는 성질을 이용한 것으로 gel 쪽을 (-), membrane 쪽을 (+)로 하여 단백질을 전기장을 걸어주어 membrane 쪽으로 이동하도록 한다.

단백질을 membrane으로 옮기는 것은 많은 단백질 중에서 원하는 단백질만을 항원항체반응을 이용하여 검출하기 위해서이다. Gel 내부에 있는 단백질은 항체와 결합할 수 없기 때문에 membrane 위로 단백질들을 옮겨서 항체가 결합할 수 있도록 하기 위해 blotting을 하는 것이다.

3) Western blotting의 주요 특징

(1) Membrane의 종류

Western blot에 사용하는 membrane에는 크게 3종류가 있다.

Nitrocellulose	단백질 염색이나 면역 화학적 특징화에 대한 적당한 지지 역할	Non-hydrophobic transfer membrane
Nylon	Nitrocellulose보다 물리적으로 더 강한 힘을 제공하고 단백질의 부착능력이 더 우수	
Polyvinylidene fluoride(PVDF)	nitrocellulose와 nylon보다 상대적으로 화학적 저항성과 기계적 힘에 있어서 우수	Hydrophobic transfer membrane

(2) Blotting current & time(Semi-dry transfer)

Current Density	Time Limit
0.8 mA/cm^2	1 to 2 hours
1.2 mA/cm^2	1 hour
2.5 mA/cm^2	30 to 45 minutes
4.0 mA/cm^2	10 to 30 minutes

(3) Horse radish peroxidase(HRP)

Secondary antibody는 끝부분에 horse radish peroxidase(HRP)가 결합되어 있는데 이를 화학적으로 처리하여 나오는 빛을 통해 band를 검출하게 된다. HRP는 luminol과 같은 substrate를 산화시키는 데 산화된 luminol은 excited state가 되었다가 ground state로 되면서 그때의 에너지를 빛을 통해서 방출시킨다. 에너지의 방출은 film 감광이나 빛으로 방출되는 에너지 파장을 검출함으로써 확인할 수 있다.

(4) Blocking의 목적

Blocking은 membrane에서 단백질이 transfer 되지 않은 부분이 다른 단백질로 오염되는 것을 방지하는 작용이다. Transfer가 된 membrane은 antibody 처리 과정을 거치게 되는데 이때 antibody가 원하지 않는 곳에 결합되어 버리면 깨끗하지 못한 결과를 얻게 되는데 blocking은 이 현상을 방지해 준다. 따라서 정확한 실험 결과를 얻기 위해서 꼭 필요한 과정이라고 할 수 있다. Blocking에는 일반적으로 skim milk를 쓰지만 serum을 쓰기도 한다.

4) Western blot 과정

(1) Sample preparation

① Lysis를 만들고자 하는 animal cell이 배양된 dish를 준비합니다. 먼저 dish에 있는 배지를 suction을 통해 완전히 제거한다.

② 배지를 제거한 dish를 PBS를 이용하여 washing 합니다. PBS를 조심스럽게 넣은 후 suction을 이용하여 PBS를 제거한다. 이 과정은 lysis를 하기 전에 animal cell 주변의 배지를 완전히 제거하는 데 그 목적이 있다.

③ Washing이 끝난 dish는 ice 위에 올려놓은 후 RIPA buffer를 준비한다. RIPA buffer는 사용하기 전에 protease inhibitor를 섞어서 사용하여야 하며 RIPA buffer의 사용량은 100φ dish에 200 ㎕ 정도이다.

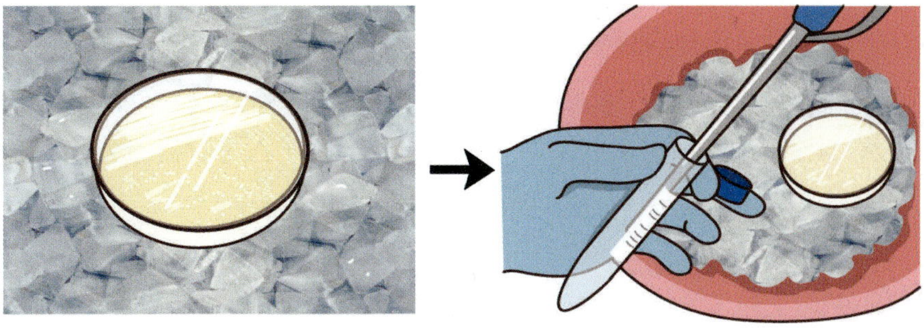

그림 6-20 **RIPA buffer 적용**

* RIPA = Radio-immuno-precipitation assay buffer

④ Dish에 RIPA buffer를 첨가한 후 scraper를 이용하여 긁어모은다. 이때 구석구석 충분히 긁어야지만 cell을 모두 모을 수 있다. Scraper를 이용하여 한곳에 모은 다음 eppendorf tube에 옮겨서 30분 동안 ice에 방치한다.

⑤ 12000rpm으로 4℃에서 20분 동안 원심을 돌린다.

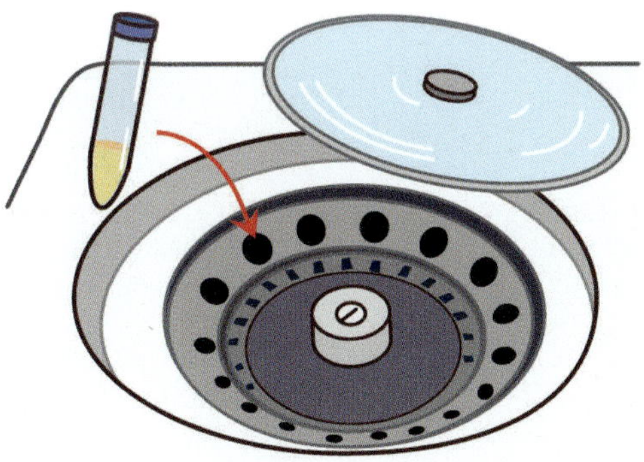

그림 6-21 **원심분리**

⑥ 원심을 돌린 후 tube를 보면 pellet이 보이는데 이 pellet을 건드리지 않고 상층액을 새로운 eppendorf tube로 옮긴다. 이렇게 모은 sample은 BCA 정량을 통해 단백질량을 파악한 후 western blot 등의 실험에 사용한다.

(2) SDS-PAGE &Transfer

SDS-PAGE

① Sample에 알맞은 Polyacrylamide gel을 만들고 4 x SDS sample buffer를 혼합한 sample을 준비한다.

② Sample을 loading 한 후 SDS-PAGE 수행한다. Running이 끝난 gel은 PVDF membrane으로 semi-dry transfer 한다.

Semi-dry transfer

① Transfer에 사용하는 PVDF membrane은 transfer 하기 30분 전에 미리 activation과 equilibration을 시켜야 한다. Membrane은 반드시 paper pincet으로 다루어야 한다.

* Activation: 100% methanol에 15초, dH_2O에 2분 동안 담가두어야 한다.

* Equilibration: Anode transfer buffer에 membrane을 30분 이상 담가두어야 한다.

② SDS-PAGE가 끝난 gel은 releaser를 이용하여 staking gel을 제거한 후 cathode transfer buffer에 2분 정도 담가둔다.

③ 준비된 filter paper 3장을 Anode transfer buffer에 충분히 적셔서 transfer 판 위에 올려놓고 유리봉을 이용하여 내부의 bubble을 제거한다.

④ Equilibration 시킨 membrane을 filter paper 위에 조심스럽게 올려놓는다. Paper를 벗어나지 않게 하며 역시 bubble을 제거한다.

⑤ 그 위에 equilibration 시킨 gel을 올려놓는다. 이때 marker는 왼쪽에 오게 하며 gel이 찢어지지 않도록 조심스럽게 올려야 한다.

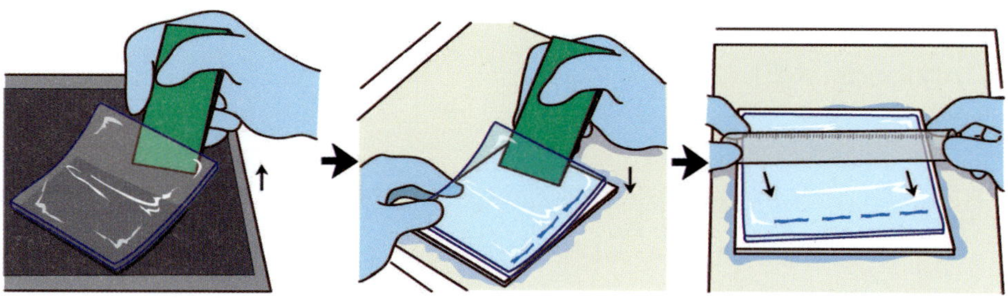

그림 6-22 **gel과 filter paper의 적용**

⑥ 다시 3장의 filter paper를 cathode transfer buffer로 적셔서 올려놓는다. 유리봉을 이용하여 bubble을 완전히 제거하고 paper 밖으로 흘러나온 buffer는 새 filter paper를 이용하여 닦아낸다.

⑦ Semi-dry의 덮개를 조심스럽게 덮고 power supply를 120 mA로 맞춘 후 30분 동안 running 시킨다.

⑧ Transfer가 끝난 후 덮개를 열고 paper와 gel을 조심스럽게 떼어낸 후 펜을 이용하여 membrane에 약간의 표시를 한다. 이 과정은 membrane의 위, 아래와 loading 순서 등의 정보를 쉽게 파악할 수 있도록 하는 과정이다.

⑨ (Optional) Antibody를 처리하기 전에 band의 위치를 알아보고자 staining을 해볼 수 있다. Ponceau S를 이용하여 membrane을 염색해서 band를 볼 수 있는데 이는 membrane을 잘라야 하는 경우 등에 사용하면 좋다. Ponseau S 용액에 membrane을 살짝 담갔다가 빼내면 빨간색으로 protein band가 보인다. 확인 후 다음 과정을 위해서 TBS/T로 washing을 해야 한다.

(3) Antibody & Detection

Antibody 처리

① Blocking

Transfer가 된 membrane은 5% skim milk로 1시간 동안 blocking을 시켜야 한다. 이때 orbital shaker를 이용하여 60~80 rpm 정도로 흔들어 주어야 한다.

② Primary antibody

Blocking이 끝난 membrane은 바로 5% skim milk로 만든 primary antibody solution으로 처리를 해야 한다. 보통 상온에서는 3시간 정도, 4℃에서는 over night한다. 역시 orbital shaker로 흔들어 주어야 한다.

③ Washing

TBS/T로 5분씩 5번 정도 orbital shaker를 이용하여 washing을 해준다.

④ Secondary antibody

Washing이 끝난 membrane을 primary antibody에 맞는 secondary antibody solution으로 처리한다. 상온에서 1시간 동안 orbital shaker를 이용하여 행한다.

⑤ Washing

TBS/T로 5분씩 5번 정도 orbital shaker를 이용하여 washing을 해준다.

Detection

① Washing이 끝난 membrane과 ECL A, B solution을 준비하고 깨끗한 2장을 펼쳐놓는다. ECL solution을 섞을 재활용 conical tube와 paper pincet도 함께 준비한다.

② A, B solution을 1:1의 비율로 재활용 conical tube에 섞어준다.

③ Membrane을 paper pincet으로 집은 후 휴지를 이용하여 물기를 제거하고 위에 올려놓는다. 앞에서 준비한 ECL solution을 pipette을 이용하여 membrane 위에 살며시 뿌려주고 1분 동안 incubation 시킨다.

④ Incubation이 끝난 membrane을 새로운 랩의 한쪽에 잘 올려놓은 후 나머지 부분을 이용하여 잘 덮는다.

⑤ Gel documentation system을 작동시킨 후 문을 열고 ECL 판 위에 membrane을 올려놓는다.

⑥ 문을 닫은 후 프로그램을 작동시킨다. 결과는 모니터를 통해서 확인할 수 있다.

10. 동물세포배양(Animal cell culture)

1) 동물세포배양 기초 배경

(1) 동물세포배양(Animal cell culture)이란?

동물세포배양은 동물의 세포를 배양 용기(보통 dish나 flask)에서 키우는 것을 말한다. 특정 동물의 생체세포나 조직을 분리하여 생체 밖의 환경에서 어느 일정기간 생육시키는 기술이 바로 동물세포배양이다.

동물세포는 일반적으로 복제능력이 있지만 그 복제능력에 제한이 있어서 수 회 분열 후에는 사멸하게 됩니다. 따라서 동물의 조직에서 세포를 직접 분리하여 키우는 primary culture의 경우에는 매번 실험을 할 때마다 조직에서 세포를 분리해야 한다. 그런데 동물세포 중에는 암세포와 같이 끊임없이 분열하는 능력을 지니거나 특이적인 기능을 발현하도록 개발된 세포들이 있다. 이런 세포들을 '세포주(cell line)' 라고 부른다.

동물세포배양의 목적은 생명현상의 해명을 위하여 세포, 조직을 독립된 생명체로 인식하고 이들을 분자생물학 등의 연구재료로 이용하는 것이다. 현재 동물세포배양은 특정 단백질의 기능을 밝히기 위한 *in vivo* 상에서의 연구와 새로운 생리활성물질의 발견, 생리활성물질의 생산 기술, 배양시스템의 개발, 천연 생리활성물질로부터 유도체의 제작, 치료용 세포의 생산 등에 이용되고 있으며 그 기술이 점점 더 발전하고 있다.

(2) 동물세포배양 시 기억할 점 – 동물세포배양은 미생물배양과 다르다.

동물세포는 생김새부터 미생물과 다르듯이 생육하는 환경도 판이하게 다르다. 동물세포는 미생물에 비해 환경적응력이 떨어지기 때문에 많은 조건을 충족시켜주어야만 배양할 수 있다. 동물세포 배지의 성분은 매우 복잡하며 혈청이라는 특수한 성분이 포함되어 있다. 혈청에는 호르몬, 성장인자, 다수의 미지 성분 등이 포함되어 있으며 이 물질들은 동물세포배양에 반드시 필요하다.

동물세포는 세포 간 커뮤니케이션이 발달하여 한 세포의 상태변화가 전체로 빠르게 전파되어 영향을 미친다. 미생물의 경우 일부에서 변화가 일어나더라도 그 외의 다수는 그대로이므로 전체적으로 처음 상태와 같다고 할 수 있지만, 동물세포는 일부에서 변화가 일어나면 그 변화가 세포 간 커뮤니케이션에 의해 전체에 퍼지기 때문에 전체적인 세포의 상태가 처음과 달라진다. 결과적으로 일부 동물세포만 상태가 변하여도 다른 세포들도 같이 변하기 때문에 실험에 사용할 수가 없게 된다. 또한 동물세포는 일정한 세포수가 유지되어야 세포 간 커뮤니케이션이 잘 이루어지고 정상적인 증식을 하게 된다.

2) History of cell culture

(1) 동물세포배양의 역사

최초의 동물세포배양은 1907년 Harrison에 의해 이루어졌다. Harrison은 올챙이 척색에서 채취한 신경섬유세포를 개구리의 응고 림프액에 배양하는 데 성공하였다. 그 후 배양액의 개선을 통해(혈청과 조직 추출액에 무기염류, 아미노산, 비타민 등을 첨가) 동물 세포를 배양기 안에서 재현성이 좋게 배양할 수 있게 되었다. 그러나 20세기 중엽 전까지 세포배양법은 연구자가 일반적으로 이용할 수 있는 방법이 되지 못했다. 이유는 혈청(serum)과 특이적인 기능을 발현하는 세포주(cell line) 수립의 어려움 때문이었다. 혈청은 동물세포배양 시 반드시 필요한 성분으로, 여러 물질이 혼합된 아주 복잡한 산물이다. 혈청에는 미지의 성분이 다수 포함되어 있고, 구성성분의 함량은 공급동물의 성, 연령, 영양 상태에 따라 현저하게 차이가 난다. 따라서 연구 결과의 재현성을 떨어뜨리는 원인이 된다. 또 특이적인 기능을 발현하는 세포주가 수립되지 못하여, 정상세포를 그대로 생체 밖에서 배양하면 수 회 분열 후 사멸하기 때문에 실험할 때마다 조직에서 세포를 추출하는 일이 필요하였다.

그 후 지속적인 연구로 특이적인 기능을 발현하는 세포주와 무혈청(serum-free) 배지가 개발되어 세포배양법을 널리 이용하게 되었다. 세포주는 수 회 분열 후 사멸하는 정상세포와 달리 암과 같은 무한증식 능력을 갖고 있어서 세포 분열 횟수의 한계를 넘어서게 되었다. 무한증식 능력을 지닌 세포주의 수립은 동물세포를 이용한 연구 발전에 큰 기여를 하게 되었고 최근에는 세포주 수립 기술이 확립되어 각종 기능을 가진 세포주가 만들어지고 있다. 1960년대부터 무혈청 배양을 하려는 시도가 이어져, 1963년과 1965년에 Ham은 혈청 공급 없이 CHO 세포를 cloning하였다. Ham은 세포배양에서 혈청의 역할은 주로 영양분의 공급에 있다고 보고, 세포영양학의 입장에서 배지의 영양환경을 엄밀하게 조정하면 배지성분에서 혈청을 제거할 수 있다고 생각하였다. 이러한 생각으로 각종의 세포 주를 사용하여 50~60 종류의 성분을 함유한 많은 배지를 고안하였다. 1970년대에 Sato는 세포 배양 시 혈청의 역할을 Ham과 다르게 생각하였다. Sato는 세포배양에 따른 혈청의 역할은 영양분의 공급보다는 호르몬의 공급에 있다고 생각하였고 각종 호르몬류를 혈청 대신 첨가함으로써 여러 종류의 세포주를 무혈청에서 배양하는 데 성공하였다.

현재 동물세포배양법은 새로운 생리활성물질의 발견, 생리활성물질의 생산 기술, 배양시스템의 개발, 천연 생리활성물질로부터 유도체의 제작, 치료용 세포의 생산 등에 이용되고 있으며 그 기술이 점점 더 발전하고 있다.

(2) 배지의 종류

동물세포 배지의 종류는 다양하여 동물세포의 종류와 실험에 알맞은 것을 골라서 사용한다. 특히 일반적인 부착성 동물세포 배양 시에는 BME 배지를 기초로 만들어진 DMEM과 MEM을 가장 널리 사용한다. 부유하여 자라는 동물세포의 경우에는 RPMI1640을 널리 사용한다.

3) Equipment & Materials

(1) 실험기구

① Clean bench

무균조작을 할 수 있는 공간을 제공하는 실험기구입니다. Clean bench 안에는 형광등, UV등, hood(0.3 μm의 입자를 99.99%까지 제거해 주는 filter가 설치되어 있음)가 설치되어 있다. 동물세포 실험 전에는 clean bench를 70% 에탄올로 깨끗이 닦고 UV등과 hood를 잠시 켜놓고, 실험 중에는 형광등과 hood를 켜놓으면 된다. 실험을 마친 후에는 다시 70% 에탄올로 깨끗이 닦고 잠시 UV등과 hood를 켜놓았다가, hood를 끄고 UV등만 켜놓으면 된다. 또한 실험을 할 때는 clean bench의 문을 최대한 닫고 하는 것이 오염을 예방하는 데 좋다.

② Water bath

냉장고(4℃)에 보관 중인 배지나, PBS, trypsin-EDTA를 37℃로 데우거나 세포해동 시 이용한다. Water bath 사용 시 수돗물이 아닌 증류수를 넣으며, 항박테리아 시약인 sodium azide를 소량 첨가해주고 증류수를 정기적으로 갈아주어 미생물에 의한 오염을 예방한다.

③ 알코올 램프

Tube, pipette 등의 실험기구를 화염살균 할 때 반드시 필요하다. 알코올 램프에는 80% 에탄올을 채워서 사용한다. 실험실에 따라서 메탄올을 사용하는 경우도 있다. 알코올 램프에 알코올이 부족해서 실험 도중 심지가 타버리면서 불이 꺼지는 경우가 있으므로 알코올의 양이 부족하지 않도록 늘 주의해야 한다.

④ Suction 기구

Dish나 tube에서 배지, PBS 등을 제거할 때 사용한다. Clean bench 아래 vacuum pump를 설치하고 고무호스를 연결한 뒤 고무호스 끝에 pasture pipette를 달아서 만든다. 실험을 할 때에는 pasture pipette 끝에 yellow tip를 꽂아서 사용한다. Pasture pipette은 끝이 약해 잘 깨지므로 주기적으로 갈아주어야 하며 사용 전 알코올 램프에서 살짝 화염살균을 해준다. 이때 pasture pipette의 끝이 녹기 쉬므로 주의가 필요하다.

⑤ Pipette, pipette aid, micropipette

일정량의 배지를 넣거나 동물세포를 suspension할 때 유리 pipette이나 일회용 플라스틱 pipette을 pipette aid에 끼워서 사용한다. 유리 pipette의 경우 사용 전 화염살균을 해야 하며 사용 후 깨끗하게 세척하고 auto clave로 멸균하여 다시 사용한다. Micropipette은 접종을 하거나 소량의 시약을 첨가할 때 사용하며, 끝이 좁아서 동물세포를 suspension할 때는 잘 쓰지 않는다.

⑥ Culture dish

동물세포를 배양하기 위해 특별히 고안된 dish입니다. 부착성 동물세포의 경우 dish에 부착할 수 있도록 collagen, poly-D-lysine, fibronectin 등으로 표면이 코팅되어 있다. Dish의 지름에 따라 100Φ, 60Φ, 35Φ로 나뉜다.

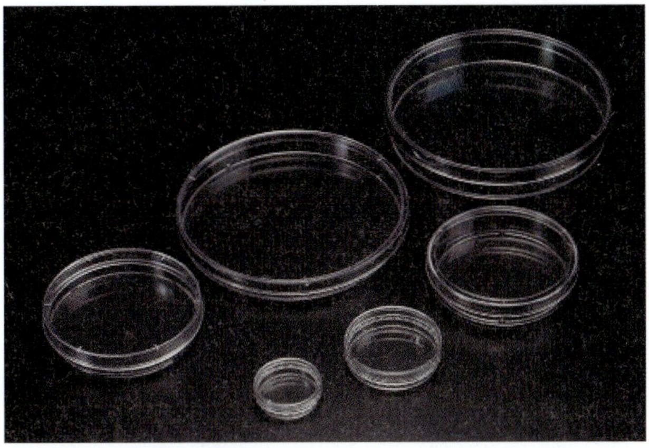

그림 6-23 Culture dish의 종류

출처: https://www.ispl.co.kr

Culture dish 외에 배양용기로 flask(T-flask), microwell plate(6, 12, 24, 96 well) 등도 사용한다.

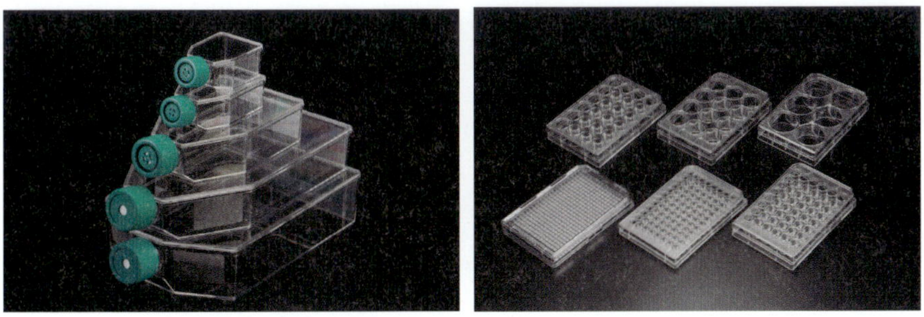

그림 6-24 flask(T-flask), microwell plate 종류

출처: https://www.ispl.co.kr

⑦ 저속 원심분리기

동물세포를 tube에 넣고 모을 때 사용되며 1000~1500 rpm 정도로 원심분리하여 동물세포를 모은다.

⑧ 현미경

도립형 현미경으로 대물렌즈가 아래쪽에 달려 있으며 세포를 키워서 관찰할 때 사용한다. 이 현미경은 시료를 100배, 200배, 400배로 확대해서 볼 수 있는데 이 정도면 동물세포를 관찰하는데 적당하다.

⑨ CO_2 배양기

동물세포 배양을 위해 특별히 고안된 배양기로 CO_2가 5%의 농도로 유지됩니다. CO_2는 동물세포가 pH를 유지하는 데 필요하다. 또한 습도도 일정하게 조절되어 배양기 내부의 아랫부분에 증류수를 넣어주는 공간이 있다. 증류수에는 소량의 항박테리아 시약인 sodium azide를 넣어 미생물의 번식을 예방해준다. CO_2 배양기 내의 물은 증발하기 때문에 늘 일정한 수위를 유지하도록 채워주어야 하며, CO_2 배양기 내부 청소도 정기적으로 해 주어야만 오염을 예방할 수 있다.

그림 6-25 CO_2 incubator

출처: https://thermobid.com

※ CO_2 gauge

- 배양기 쪽

배양기로 흘러들어 가는 CO_2의 양으로 배양기를 열고 닫았을 때 바늘 눈금이 움직이는 것은 인큐베이터 내부의 CO_2 농도가 잠깐이나마 변하기 때문이다. 적정량을 맞추어 놓는 게 중요하다.

- CO_2 통 쪽

CO_2 통에 남아있는 gas 양으로 CO_2의 통 쪽 밸브 열면 그 안에 있는 가스양에 따라 바늘이 움직인다.

⑩ 냉장고와 냉동고, deep freezer

냉장고(4℃)와 냉동고(−20℃)는 배지 등 시약 보관을 위해서 필요하고 deep freezer (−80℃)는 FBS를 보관하거나 동결보존과정에서 필요하다.

⑪ 액체질소(Liquid N_2) 탱크

액체 질소는 −196℃의 초저온으로 동물세포를 동결보존에 의해 장기간 안정하게 보관할 때 이용된다. 액체질소탱크를 이용할 때는 반드시 전용 장갑을 착용한 후 이용해야 동상을 예방할 수 있다.

⑫ Hemacytometer

세포의 수를 셀 때 사용하는 기구로, 작은 눈금이 있어 눈금에 들어간 세포의 수를 센 뒤 간단한 식에 대입하여 전체 세포의 수를 계산한다.

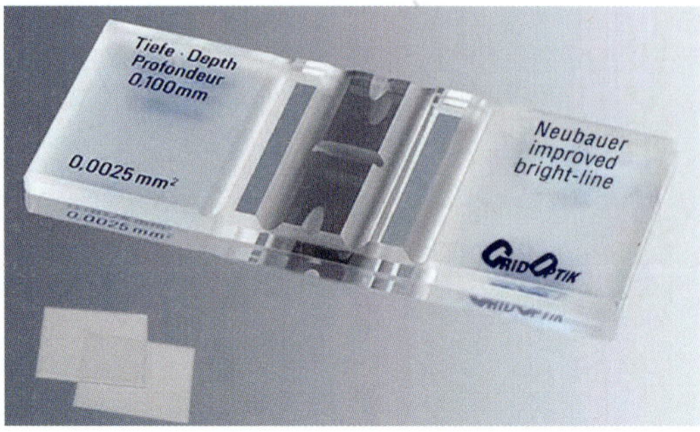

그림 6-26 Hemacytometer

출처: https://www.amazon.com

(2) 배지 및 시약

① 배지

배지는 형태에 따라 liquid와 powder 제품이 있으며, 종류가 매우 다양하므로 동물세포에 따라 알맞은 종류의 배지를 선택하여 사용해야 한다. 보통 DMEM, MEM, RPMI1640 등을 많이 사용한다. 실험에 사용할 때에는 배지에 10% FBS와 1% antibiotics를 첨가하며 배지는 사용 전에 미리 37℃ water bath에서 충분히 데워준다. 500 ml의 경우 30 min 정도 데우면 된다. 사용하지 않을 때는 4℃에서 냉장 보관한다.

② FBS

Fetal bovine serum(FBS)은 소 태아 혈청이라고도 한다. 혈청이란 혈액 중에서 혈구와 섬유소원(피브리노겐)을 제거한 액체성분으로 소 태아의 혈액에서 추출한 성분이다. FBS는 여러 물질이 들어있는 복잡한 복합 산물이며 미지의 물질도 다수 포함하고 있다. FBS는 사용 전 열불활성화를 하고 −20℃ deep freezer에 한 번 사용할 만큼씩 나누어서 보관을 한다. FBS를 사용할 때는 −20℃에서 꺼낸 뒤 4℃에서 하루 정도 보관하여 반쯤 녹이고 상온에서 완전히 녹인 뒤에 배지에 첨가한다. FBS를 녹일 때 중간중간 흔들어주는 것이 좋은데 이는 FBS의 일부 성분이 가라앉는 것을 방지하지 위해서이다.

③ Antibiotics

미생물의 오염을 방지하기 위해 배지에 첨가하며 주로 penicillin streptomycin solution(100x)을 희석하여 사용한다.

④ Trypsin–EDTA

배양용기에서 동물세포를 떼어낼 때 사용하는 단백질 분해 효소이다. 원액은 –20℃에 보관하고 실험에서는 PBS buffer로 10배 희석하여 4℃ 보관해 놓았다가 37℃에서 데워서 사용한다.

⑤ PBS

Phosphate Buffered Saline(PBS)는 동물세포에 남아있는 배지를 세척하는 용도로 사용된다. 사용 전 37℃ water bath에서 충분히 데워준다.

조성		1 L
2.7 mM	KCl	0.2 g
1.5 mM	KH_2PO_4	0.2 g
136.9 mM	NaCl	8 g
8.1 mM	Na_2HPO_4	2.9 g

⑥ DMSO

Dimethyl sulfoxide(DMSO)는 highly polar organic reagent로 동물세포의 동결보존 시 동결보존제로 사용한다.

⑦ Trypan blue

세포의 수를 계산할 때 사용하는 염색시약으로 사세포만 푸른색으로 염색되어 생세포와 구분되게 해준다.

11. 단백질 전기영동(Protein electrophoresis)

1) 기초 개요

단백질 전기영동은 DNA 전기영동법이 DNA를 전기장으로 분류하는 것과 같이 단백질을 전기장을 걸어 크기별로 분류하는 실험이다. Agarose gel을 주로 사용하는 DNA와 달리 polyacrylamide gel을 사용하는데 이 polyacrylamide gel은 촘촘한 그물 구조를 형성하여 물질을 크기별로 분류하게 된다.

단백질의 경우 자신들만의 독특한 charge와 pI 값이 있기 때문에 이들의 charge를 동일하게 바꿔서 전기장을 걸어주는 전기영동 법이 만들어지게 되었고 이것이 바로 SDS-PAGE이다. SDS-PAGE를 이용하면 단백질들을 쉽게 크기별로 분류할 수 있지만 같은 크기의 단백질은 분리할 수 없다는 단점이 있었다. 이 단점을 보완한 것이 Two-dimensional(2D) electrophoresis이다.

2D electrophoresis는 단백질들의 독특한 pI값을 이용하여 먼저 pH에 따라 단백질을 분리하고 이것을 SDS-PAGE를 이용하여 다시 크기 별로 분리한다. 이 과정을 거치게 되면 단백질은 종류별로 분리가 되고 modification도 쉽게 관찰할 수 있다. 현재 단백질 전기영동은 SDS-PAGE를 기초로 한 2D electrophoresis에 그 초점이 맞춰져 있다고 할 수 있다.

단백질 전기영동으로 나온 결과는 staining을 통해 확인을 하게 된다. 현재 여러 종류의 staining법이 사용되고 있으며 각 방법에 따라 특징이 다르기 때문에 자신에게 알맞은 staining법을 사용하는 것도 중요하다 할 수 있다.

Introduction

(1) SDS-PAGE

① 원리

단백질은 각각 자신의 독특한 질량과 pI 값이 있습니다. SDS-PAGE는 이 두 요소 중에서 질량의 차이를 이용한 분리방법이다. 먼저 SDS라는 detergent를 이용하여 모든 단백질이 동일한 (-) 전하를 띄도록 만든 후 질량에 의한 polyacrylamide gel 상에서의 이동속도 차를 이용하여 분리하게 된다. 이때 sample buffer에 DTT나 mercaptoethanol이 첨가되어 있어 disulfide bond도 끊어지게 되어 단백질은 일차구조를 형성하여 이동하게 된다.

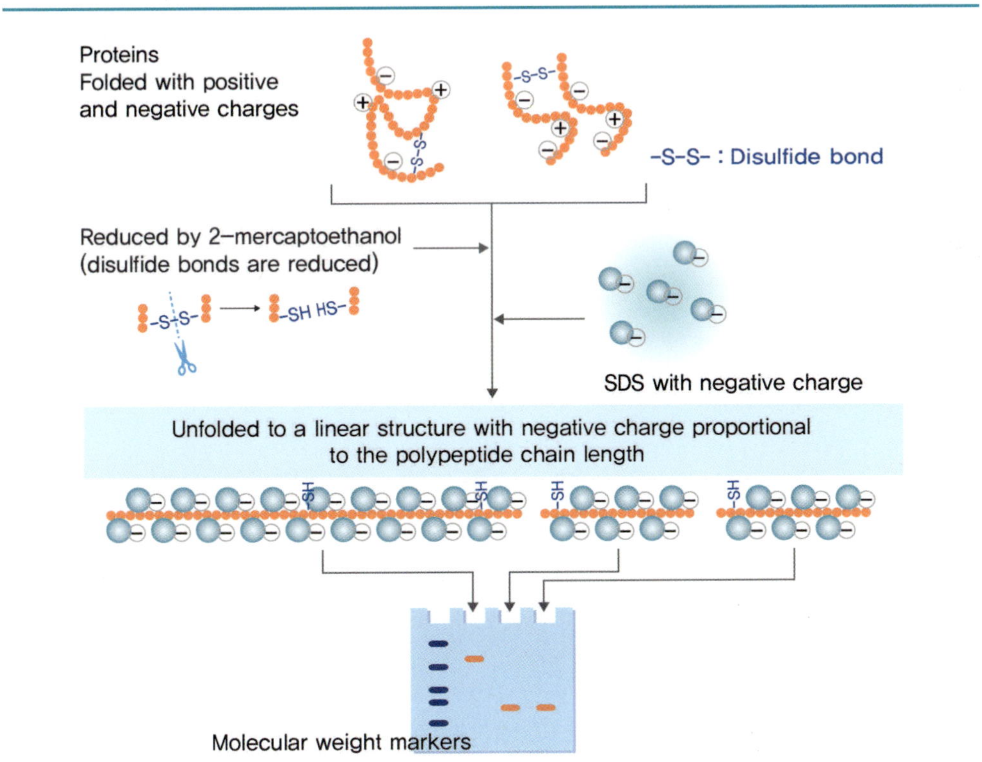

그림 6-27 SDS detergent 효과

② SDS의 작용

SDS(Sodium Dodecyl Sulfate)는 amphipathic의 특성을 가지는 대표적인 detergent로서 단백질과 가장 강력한 결합력을 보인다. 일반적으로 단백질을 구성하는 아미노산 2개에 SDS가 1개 정도가 결합하게 되어 단백질들은 고유의 전하를 다 잃어버리고 SDS에 의해 (−) 전하를 띄게 된다. SDS의 작용으로 denatured된 단백질은 막대기처럼 펼쳐진 상태로 acrylamide가 이루는 그물구조를 통과하게 된다. 따라서 크기가 큰 단백질일수록 그 길이가 길어 그물구조를 빠져나오는 데 시간이 오래 걸리기 때문에 이동속도가 느려지게 되고 이를 통해 단백질들이 분리가 되는 것이다.

③ Stacking gel과 running gel의 차이

Stacking gel과 running gel은 acrylamide의 함유량도 차이를 보이지만 pH의 차이가 두 gel이 다른 역할을 하게 하는 핵심요소이다. Sample을 loading한 후 전기장을 걸어주면 단백질을 비롯한 여러 이온들이 gel을 이동하게 되는데 이 이온들에는 Cl^-와 glycine 이온들이 있습니다. 이 이온들은 electrophoresis buffer 내에 함유된 이온들로서 이 두 이온이 단백질의 이동에 큰 역할을 하게 된다. 이 이온에 의한 gel 상에서 단백질 이동의 차이를 알아보도록 하자.

Protein Assay

(1) Bradford assay

Coomassie brilliant blue G-250이라는 색소가 단백질의 염기성과 방향족 아미노산 측쇄와 결합하여 그 결과 흡수 피크가 465 nm부터 595 nm로 이동하는 것을 이용하는 방법이다. BCA법과 비교해서 보다 간단하고 신속하고 고감도(0.02~0.1 mg)이다. 환원제와 EDTA의 영향은 거의 없으나 계면활성제의 영향을 받는다. 또한 반응액이 산성이기 때문에 지질을 대량으로 함유하는 경우 침전이 생길 수도 있다.

① 0~100 mg/ml의 standard BSA sample과 정량을 해야 하는 sample을 준비한다.
② Bradford 시약을 10:1 비율로 가한다. (주로 sample 0.1 ml에 시약 1 ml 사용한다.)
③ 37℃에 30분간 방치시킨다. (65℃에서 15분간 방치도 가능하다.)
④ Vortexing 후에 562 nm에서 30분 이내에 측정한다. (발색의 원리가 시간에 따른 것이므로 신속하게 하는 것이 중요하다.)

(2) Lowly assay

Biuret법을 발전시킨 방법으로 단백질용액을 알칼리성 조건하에서 Cu^{2+}와 반응시킨 다음 Folin시약을 첨가한다. 그러면 Cu^{+}에 의하여 phosphate molybdenum acid-tungsten acid complex가 환원되어 파랗게 발색이 된다. 감도는 0.2~2 mg/ml이지만 계면활성제, EDTA, chelate화합물, DDT 등에 방해를 받는다는 단점이 있다.

① Lowry 시약 A와 B의 비율을 50:1로 혼합한다.
② 0~100 mg/ml의 standard BSA sample과 정량을 해야 하는 sample을 준비한다.
③ Sample과 lowly 시약 혼합액을 1:10 비율로 가한다.
④ 37℃에 30분간 방치시킨다.
⑤ 770 nm에서 측정한다.

(3) BCA assay

현재 bradford와 함께 가장 많이 사용되고 있는 방법으로 lowly법을 계량한 것으로 Folin 시약 대신 bicinchoninate(BCA)를 사용한 것이다. Lowry와 비교해서 계면활성제, EDTA, chelate화합물, DDT 등에 방해를 받지 않으며 감도는 1~10 mg/ml으로 낮은 편이다.

① Reagent A와 B를 50:1로 섞어준다.

② 0~100mg/ml의 standard BSA sample과 정량을 해야 하는 sample을 준비한다.

③ 섞은 시약을 20:1 비율로 가한다. (주로 sample 0.1 ml에 시약 2 ml을 사용한다.)

④ 37℃에 30분간 방치시킨다.

⑤ Vortexing 후에 595 nm에서 30분 이내에 측정한다. (발색의 원리가 시간에 따른 것이므로 신속하게 하는 것이 중요하다.)

(4) UV assay

UV를 이용한 분석방법은 Tyrosine과 tryptophan의 측쇄가 280 nm를 흡수하고 buffer의 영향이 가장 적은 곳이 280 nm인 점을 이용한 분석법이다. 단백질이 가장 잘 흡수하는 파장은 205 nm이지만 이 영역은 다른 많은 물질들도 잘 흡수하는 영역이기 때문에 그 영향을 최소화하고자 280 nm를 이용하여 단백질 정량을 하는 것이다. 주로 column에서 용출된 단백질을 분석하는 데 많이 쓰인다.

2) 2-D 전기영동(Electrophoresis)

Introduction

Two-dimensional(2D) electrophoresis를 하는 이유는 일반적으로 두 가지로 나누어진다. 첫 번째는 cell이나 tissue에 identification을 이용하여 어떠한 단백질들이 발현되는지를 보는 것이고 두 번째가 그 양의 변화를 보는 것이다. 주로 약물을 투여할 때 나타나는 변화를 보기 위하여 사용하는 경우가 많다. 현재에는 재현성의 문제를 극복하기 위해 DIGE 같이 형광 dye를 각 단백질 sample에 염색하여 하나의 gel에서 2개 이상의 sample 분석하는 방법도 개발이 되어있으며 phosphorylation, glucosylation 등의 특정 signal만을 detect하는 기술들도 발전하고 있다. 2D electrophoresis의 가장 큰 개념은 단백질을 2가지 조건으로 나눈다는 것이다. 그 첫 번째는 pI, 즉 등전점으로 단백질을 나누는 것이고 그 다음은 단백질의 분자량으로 나누는 것이다. 등전점으로 단백질을 나누는 것이 first dimension이고 분자량으로 나누는 것이 second dimension이다. 그럼 그 원리에 대해 좀더 자세히 알아보겠다.

(1) 1D

pI 값으로 단백질을 나누는 것은 단백질상의 카르복실기(-COOH)와 아미노기(-NH_2)에 의하여 단백질 전체의 net charge가 pH에 따라 변하는 성질을 이용한 것이다. 분리하고자 하는 단백질을 strip에 loading한 후 양쪽에 전압을 걸어주면 단백질마다 가진 net charge에 의하여 net charge가 0인 곳으로 이동하게 된다. 산성 쪽에는 (+)charge를 염기성 쪽에는 (-)charge를 걸어주면 다음의 그림과 같이 단백질들이 이동하게 되고 이로 인해 등전점에 따라 분리가 되는 것이다.

1D: Isoelectroric Focusing(IEF)

- 등전점(=pI=Isoelectric Point)이란?
  단백질은 양쪽상 물질로 용매의 pH에 의해서 전하가 변하며 이런 용매(buffer) 조건에서 단백질의 전체 전하가 "0"이 되는 pH를 특정 단백질의 등전점(pI)이라 한다.

(1) 2D

pI값에 따라 단백질이 분리가 되면 SDS-PAGE를 이용하여 다시 분자량에 따라 분리를 하게 된다. 즉, 한번 분리된 단백질을 다른 인자를 이용하여 한 번 더 분리하는 것이기 때문에 2D electrophoresis라 부르는 것이다.

3) Gel staining과 Dry

SDS-PAGE나 2D electrophoresis를 거친 polyacrylamide gel은 staining을 통해 단백질band를 확인하여 원하는 단백질의 검출 여부를 확인하게 된다. Staining이 끝난 gel은 gel dryer를 이용하여 말린 상태로 보관을 하게 된다. 여기서는 staining과 dry의 종류와 방법에 대해 알아보도록 하겠다.

(1) Gel staining

Gel staining은 보통 gel상의 단백질을 검출할 때 사용한다. Gel staining의 기본은 Sensitivity을 기본으로 하지만 이외에도 Safety, Simplicity, Specificity, Speed, Stability, Synergy도 갖추어가면서 발전하고 있다.

2 pmol, 1 pmol, 500 fmol, 200 fmol, 100 fmol, 50 fmol, 25 fmol의 단백질을 순서대로 걸어서 염색법마다 비교한 사진이다.

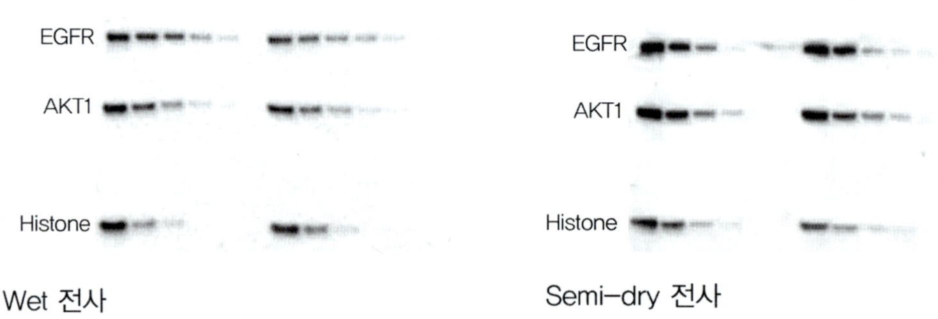

그림 6-28 **단백질 전기영동 결과**

출처: https://www.sigmaaldrich.com

(2) Coomassie blue staining

Coomassie blue는 전통적인 SDS-PAGE상에 단백질 검출 방법이다. 보통 많은 실험실에서 많이 사용하고 있고 많은 분야에 이용되고 있다. Coomassie blue를 이용한 staining은 G250과 R250 둘 다 mass spectrometer로 identification이 가능하다. G250은 colloid 형태로 R250보다 detect 범위가 넓으며 background가 적고 destaining이 거의 필요치 않다.

R250을 사용하는 방법

① 전기영동이 끝난 후 gel을 조심스럽게 gel 판으로부터 분리한 후 플라스틱 용기(일반 반찬 통이 적합하고 유기용매를 이용하는 Staining은 뚜껑이 있는 것이 좋다)에 옮긴다.

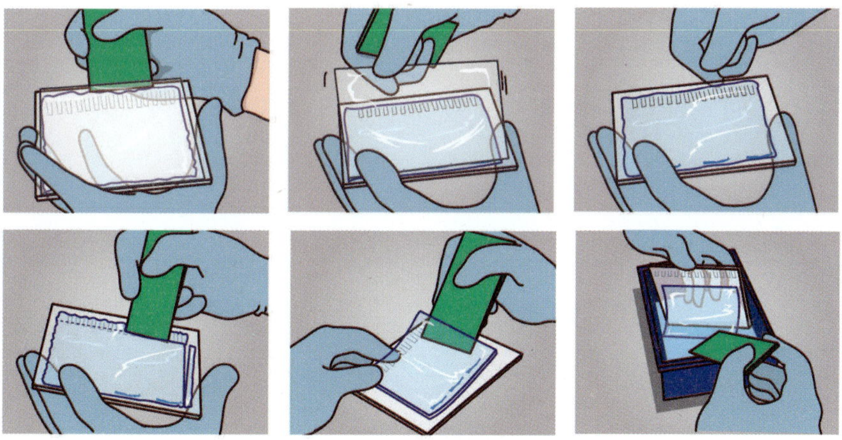

그림 6-29 Gel 판으로부터 분리

② Staining solution을 붇는다. (gel이 완전히 잠길 정도가 좋다) Shaker에 올려놓은 후 50 rpm으로 2-4시간 충분히 염색한다. (이 상태의 Gel은 새파랗게 보인다) 또한 Methanol이 증발되지 않도록 뚜껑을 닫아 준다.

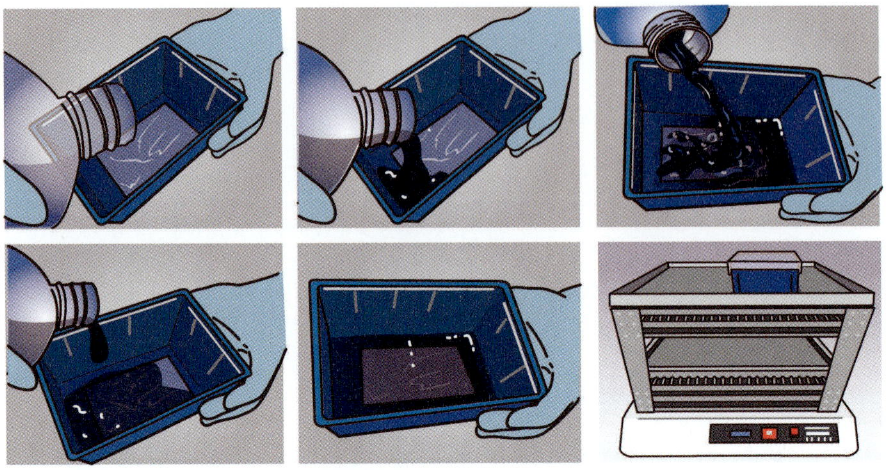

그림 6-30 Gel staining

③ 수돗물로 가볍게 세척해 주고 destaining solution을 부어준 후 50 rpm으로 shaker에 올려놓는다. 이때 실험 상황에 따라 destaining solution을 결정한다. Destaining solution을 수차례 교환하면서 gel의 염색시약이 모두 빠지도록 한다.

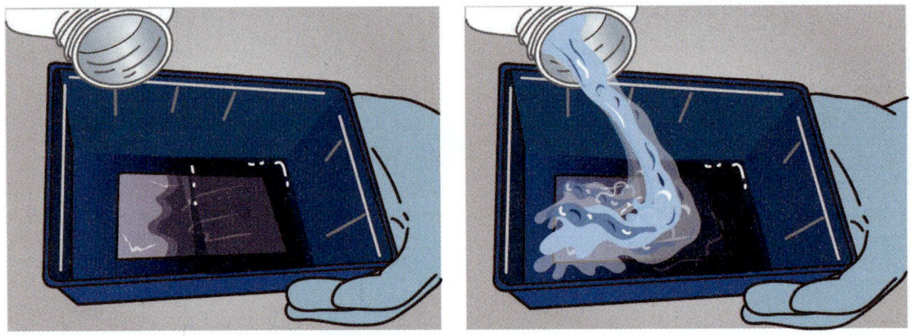

그림 6-31 Gel destaining

(Optional) Gel-dry할 때 cracking이 생길 경우 Pre-drying solution에 담그고 15-20분 동안 50-80 rpm으로 shaker에 방치시킨다.

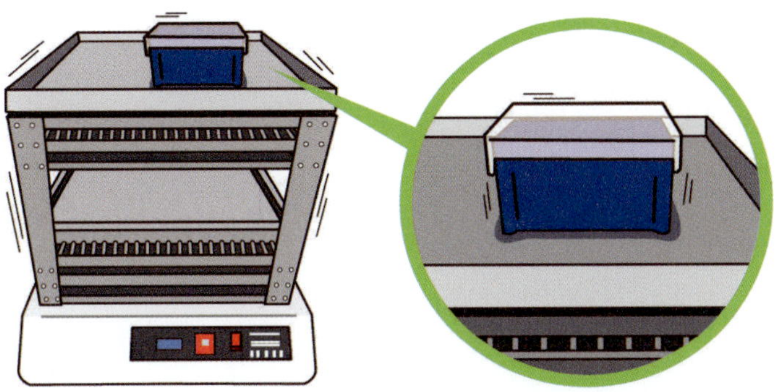

그림 6-32 Gel dry

④ 사진을 찍거나 Gel dry를 한다.

G250을 이용하는 방법

① 전기영동이 끝난 후 gel을 조심스럽게 gel 판으로부터 분리한 후 플라스틱 용기(일반 반찬 통이 적합하고 유기용매를 이용하는 staining은 뚜껑이 있는 것이 좋다)에 옮기고 staining solution을 붇는다. (gel이 완전히 잠길 정도가 좋다)

② Shaker에 올려놓은 후 4시간 이상 염색한다. 보통 overnight를 하기도 한다. (G250을 사용하는 방법은 background staining이 적은 염색방법으로 4시간 이후부터 단백질 band가 보이기 시작한다).

③ 염색이 끝났으면 수돗물로 가볍게 destaining을 해준다. (이때 따뜻한 물로 하면 더욱 destaining이 잘된다)

* Brilliant G250의 colloid 성질을 이용하는 염색방법으로 민감도가 silver staining과 비슷하고(R250염색법보다 5배 이상) 방법이지만 염색시간이 오래 걸리고 염색 dye의 colloid 성상이 깨지기 쉽다.

④ 탈색 후 gel은 물이 담긴 플라스틱 백에서 염색된 정도의 변화 없이 무한정 보관할 수 있다. 그러나 저장기간 중 고정된 polyacrylamide gel은 물에 의해 부풀거나 변형될 수 있으므로 이러한 문제를 없애기 위해 고정된 gel을 20% glycerol에 보관을 해야 한다. 염색된 gel은 탈색용액에 저장하면 단백질 band의 색이 사라질 수 있으므로 탈색용액에 저장해서는 안 된다.

12. 실시간중합효소연쇄반응(real-time PCR)

1) 기본 개념

(1) real–time PCR과 기존 PCR과의 차이점

실시간중합효소연쇄반응은 real-Time PCR 또는 qPCR(quantitative PCR)이라고 한다. real-time PCR은 PCR 과정 중에 DNA의 양을 실시간으로 측정할 수 있는 기술이다. 기존 PCR의 경우 유전자 증폭이 완료된 후 gel 전기영동 등을 통해 결과를 분석하는 반면, 실시간 PCR은 증폭 과정 중 형광 신호를 통해 증폭된 DNA 양을 증폭반응 과정 중에 증폭장치를 통해 즉시 확인할 수 있고 PCR 반응이 진행되는 동안 DNA의 양을 지속적으로 모니터링할 수 있다. 그리고 real-Time PCR 은 형광 신호의 강도를 기반으로 DNA의 초기 농도를 '정량적'으로 측정할 수 있다. 기존 PCR이 검출하고자 하는 유전자 또는 DNA의 존재 여부를 확인하는 데 중점을 두는 반면, real-Time PCR은 얼마나 많은 양의 DNA가 존재하는지 정밀하게 측정할 수 있다.

real-Time PCR의 전체 반응 시간은 기존의 PCR과 비교하여 빠르게 진행되며 DNA 증폭과 분석이 동시에 이루어지므로 그 결과를 빠르게 확인할 수 있으며 후속 분석 단계가 필요 없다. 따라서 이러한 실시간 모니터링과 정량성 때문에 real-Time PCR

은 진단 검사, 유전자 발현 분석, 바이러스 양 측정 등 생명과학 분야뿐만 아니라 병원에서의 질병 진단 등 광범위한 분야에 활용된다.

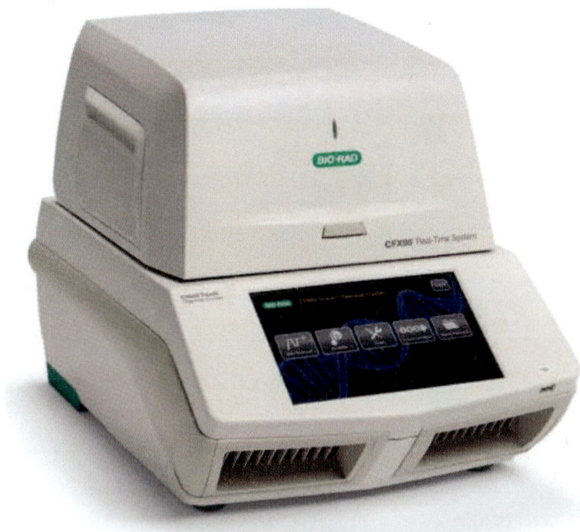

그림 6-33 real-Time PCR 장비

출처: https://www.bio-rad.com

(2) real-time PCR 원리

real-Time PCR의 핵심은 형광 시그널을 이용해 DNA 증폭을 실시간으로 모니터링하는 것이다. 주로 두 가지 형광 방법이 사용되는데 PCR 반응 중에 특정한 형광 물질인 SYBR Green 또는 TaqMan Probe를 사용하여 증폭된 DNA의 양에 비례하여 형광 신호가 발생하게 된다.

① SYBR Green 방식

SYBR Green은 가장 널리 사용되는 형광 색소 중 하나로, 이중 가닥 DNA에 결합할 때 형광을 발현한다. 증폭된 DNA에 비특이적으로 SYBR Green 결합하여 형광을 방출하며 많은 양의 DNA가 증폭될수록 높은 강도의 형광 신호가 증가하며 이러한 형광 신호를 바탕으로 증폭 산물의 양을 측정할 수 있다. SYBR Green의 장점은 TaqMan Probe법과 비교하여 쉽게 적용할 수 있고 다양한 실험에 사용할 수 있다. 그리고 모든 이중 가닥 DNA에 결합하므로 다수의 유전자를 동시에 분석할 수 있다. 반면 SYBR Green의 비특이적 결합으로 인해 PCR 증폭산물이 아닌 DNA에도 결합할 수 있어 정확한 분석을 방해할 수 있다. 비특이적 증폭을 구분하기 위해 real-time PCR 후 융해 곡선 분석(melting curve analysis)이 필요할 수 있다. 이는 PCR 산물의 정확성을 구분하기 위한 추가 단계이다.

② TaqMan Probe 방식

TaqMan Probe는 비특이적인 SYBR Green 방식과 달리 특정한 DNA 서열에만 결합하는 Probe를 사용한다. Probe는 형광신호를 방출하는 리포터(reporter)와 형광 신호를 차단하는 소광제(quencher)로 구성된다. Probe가 목표로 하는 DNA 서열과 결합하면 PCR 과정에서 Taq DNA 중합효소의 핵산 분해 활성에 의해 Probe가 분해되고, 이때 리포터와 소광제가 분리되어 형광 신호가 방출된다. DNA가 증폭될 경우 형광 신호가 Probe 절단에 따라 점차 증가하며, 이 형광 신호의 세기를 통해 목표 DNA의 양을 실시간으로 측정할 수 있다. TaqMan Probe의 장점은 매우 높은 특이성을 가지고 있고 비특이적인 신호를 최소화할 수 있다. 그리고 특정 염기서열에만 결합하기 때문에 다른 돌연변이 등의 유전자의 서열로 인한 오류 없이 정확한 정량 분석이 가능하다. 하지만 Probe의 설계가 복잡하며 각 유전자 목표물에 대한 개별적으로 맞춤 설계를 해야 하며 Probe 합성 과정에서 오류가 발생할 수 있다.

2) real-time PCR 적용기술

(1) real-time PCR 디자인

검출을 목표로 하는 유전자가 결정되면 프라이머를 디자인이 우선적으로 이루어진다. 프라이머는 기존의 PCR처럼 특이성을 결정하는 중요한 요소이다. 특히 real-time PCR에 적합한 프라이머의 길이, GC 비율, 비특이적인 결합 가능성 등을 고려하여 설계해야 한다. 또한 real-time PCR를 진행함에 있어서 SYBR Green 또는 TaqMan Probe 방식을 결정해야 한다. 유전자의 특성이나 실험목적을 고려하여 형광 반응을 결정하며 이때 민감도와 특이도를 고려해야 한다.

TaqMan Probe 방식일 경우 전문 바이오업체에 목표로 하는 유전자와 디자인을 통한 Probe 제작을 의뢰하여 공급받아서 실험에 적용할 수 있다. 샘플에서 추출한 DNA 농도는 real-time PCR을 통한 유전자 증폭 효율에 큰 영향을 미치므로 적정한 DNA 농도가 권장되며 반응액의 pH, 이온 농도, Mg^{2+} 농도는 반응 효율에 영향이 있으므로 이들을 고려하여 real-time PCR의 조건을 디자인한다.

(2) 상용화된 real-time PCR 시약

상용화된 real-time PCR 시약은 다양한 회사에서 제조되고 있으며, 각 시약은 특정 목적에 맞게 설계되어 있습니다. 해외 전문업체뿐만 아니라 국내 바이오기업에서 다양한 real-time PCR 시약이 상용화되었다. 특히 코로나-19 팬데믹 시기에 국내 기업에서 바이러스(SARS-CoV-2)를 신속 검출할 수 있는 진단시약에 세계적으로 기술력을 인정받는 계기가 되었다. real-time PCR 시약은 감염병 진단, 유전 질환 검사, 암 진단 등에서 활용되고 있으며 유전자 발현 분석, 유전자 변이 검출 및 유전적 다양성 연구 등 다양한 생명과학 연구에서 사용된다. 이러한 연구에 필요한 고감도와 정밀도를 제공하여 연구자들이 정확한 데이터를 얻을 수 있도록 한다. 또한 농업 및 식품안전 분야에 있어서 GMO 검출, 식물 및 가축의 병원균 검출 등 식품의 안전성을 높이고 농업 생산성을 향상시키 데 기여하고 있다.

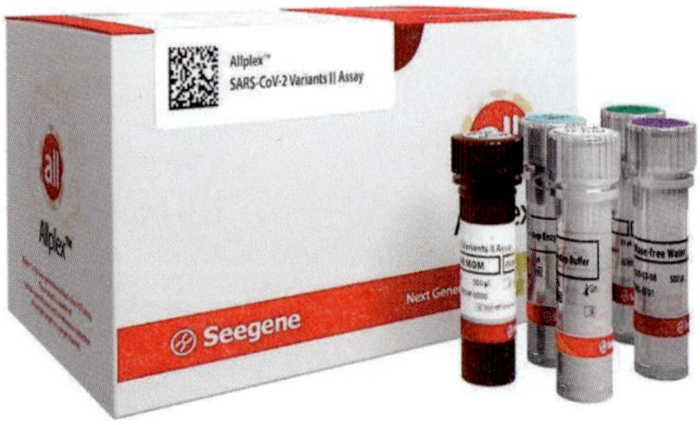

그림 6-34 상용화된 real-time PCR 시약
출처: https://www.seegene.co.kr

(3) 상용화된 real-time PCR 시약 실험방법

① 시약 키트에 있는 모든 반응액을 얼음 위에서 완벽히 녹인다.

② 볼텍스 머신을 이용해 시약 튜브의 시약을 균질화한다.

③ PCR master-mix를 준비하기 위해 키트의 프라이머, Probe 형광시약, 올리고 DNA, 증류수를 제품의 매뉴얼에 따라 혼합한다.

④ PCR 튜브에 master-mix와 샘플에서 추출한 DNA를 주입하고 총용량을 증류수로 적정한다.

⑤ 샘플 DNA와 함께 양성대조군, 음성대조군을 함께 반응시킨다.

⑥ real-time PCR 장비에 튜브를 끼워 놓고 장비의 모니터 패널에서 반응조건을 입력한다.

⑦ real-time PCR 반응조건의 예시

Step Number	Cycling Step	Temperature(℃)	Time	Cycles
1	Denaturation	95	10 seconds	45
2	Annealing/extension/ plate read	60	30 seconds	
3	Go to step 1 and repeat 44 times			

(4) real–time PCR 결과분석

real-time PCR 결과의 분석은 실험의 성공 여부와 정량적 데이터의 신뢰성을 평가하는 데 중요하다. 이 과정에서는 Ct 값, 상대 정량 및 절대 정량분석, 용량 곡선 및 형광 곡선 분석 등이 포함된다.

① Ct 값의 의미와 해석

Ct 값(Cycle Threshold)은 real-time PCR에서 형광 신호가 일정 기준에 도달하는 주기를 나타낸다. 이 값은 초기 DNA 양에 반비례하며, 초기 샘플에서 추출된 DNA 농도가 높을수록 Ct 값은 낮아진다. 즉, Ct 값이 낮을수록 초기 DNA 양이 많다는 것을 의미하며, 이는 검출을 목표로 하는 유전자 발현량이 높거나 병원체의 양이 많음을 나타낸다. Ct 값의 정확도는 실험의 신뢰성과 밀접한 관련이 있어서 다양한 샘플에서 일관된 Ct 값을 얻는 것은 실험의 재현성을 보여준다. 그러나 Ct 값이 변동이 심하거나 비정상적으로 높은 경우 이는 샘플 오염, 프라이머 비특이성, 또는 real-time PCR 효율의 저하를 나타낼 수 있다.

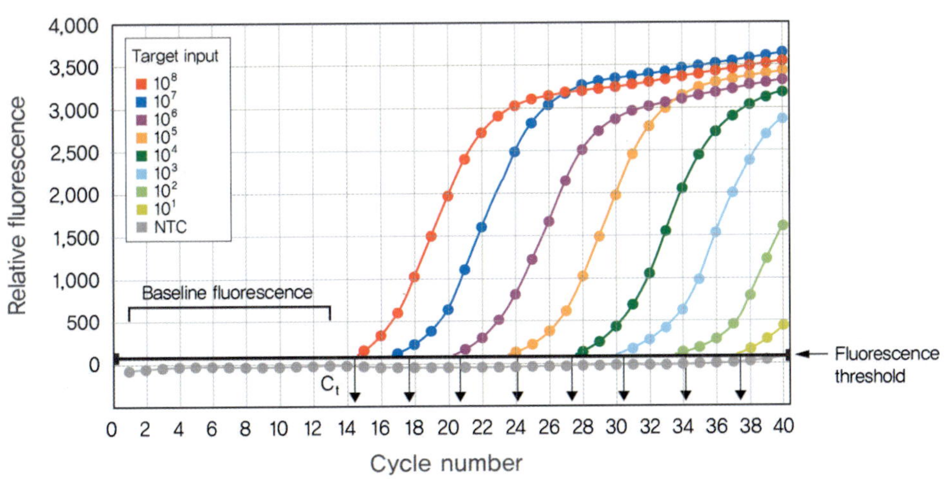

그림 6-35 real–time PCR Ct 값 결과 그래프

② 상대 정량 및 절대 정량 분석 방법

상대정량(Relative Quantification) 방법은 특정 유전자의 발현량을 기준 유전자(housekeeping gene)의 발현량과 비교하여 상대적으로 측정한다. 따라서, 이 방법은 검출을 목표로 하는 특정 유전자의 발현 변화에 대한 비교 연구에 유용한 기술이다. 샘플 간의 상대적인 발현 차이를 쉽게 비교할 수 있으며, 많은 샘플에서 비교할 때 유리하다. 이를 위해 real-time PCR의 표준화가 필요하며, 기준 유전자의 선택이 결과에 영향을 미칠 수 있다. 기준 유전자가 실험 조건에 따라 변할 수 있는 경우 신뢰성이 저하될 수도 있다.

절대 정량(Absolute Quantification) 방법은 표준 곡선을 사용하여 특정 유전자의 절대양을 측정하는 기술이다. 이미 알고 있는 농도를 가진 표준 샘플을 이용하여 샘플 내 유전자의 정확한 농도를 제공하므로 특정 유전자의 양을 정량적으로 비교할 수 있다. 따라서 표준 곡선 생성이 필요하며, 실험적 오류가 누적될 수 있어서 여러 실험 조건에서 표준 샘플을 재현하는 것이 어려울 수 있다.

Chapter

07

유기물질분석을 위한 크로마토그래피법

Chapter 07

유기물질분석을 위한 크로마토그래피법

1. 기체크로마토그래피(Gas Chromatography, GC)

1) 기체크로마토그래피의 특징

기체크로마토그래피는 혼합물에서 휘발성 및 반휘발성 화합물을 분리하고 분석하도록 사용되는 일반적인 분석 기법으로 속도 및 민감도와 함께 뛰어난 분해능이 결합되어 널리 사용된다.

GC는 다른 형태의 크로마토그래피와 같이 고정상과 이동상을 이용한다. GC에서 이동상은 보통 헬륨이나 질소 같은 불활성 기체이며, 고정상은 고체 흡착제 또는 불활성 지지대 위에 흡착된 액체이다.

기체크로마토그래피는 고성능 액체크로마토그래피(High Performance Liquid Chromatography, HPLC)와 더불어 가장 인기 있는 정성 분석과 정량 분석 방법으로 알려져 있다. 기체크로마토그래피는 주로 기체, 액체 시료 측정에 적합하다. 많은 성분을 동시에 또 신속하게 정성, 정량 분석하는 기능과 분석값의 우수한 재현 정도가 특징이다. GC

와 HPLC의 구분에 있어서 가장 중요한 요소는 분석물(측정 대상 성분)의 비점과 분자량이다.

분석 장비 중 HPLC보다는 덜 사용하는 편이지만 대중적으로 많이 사용하고 있는 분석장비이다. HPLC는 액체크로마토그래피로 이동상이 액체이듯이 GC는 기체크로마토그래피로 이동상이 기체이다. HPLC의 이동상은 매우 다양하다. 보통 물, 메탄올, 아세토나이트릴을 쓰지만 물에 산이나 염기를 혼합한 buffer 용액을 주로 쓰기 때문에 매우 종류가 광범위하다고 볼 수 있다. 그러나 GC에서의 이동상으로 기체의 종류는 질소 또는 헬륨을 사용한다. 그 이유는 일단 반응성이 없는 기체로 안정하기도 하고 다른 분석물질들과 반응을 안 하는 것이 가장 큰 특징이다. 이동상을 Carrier

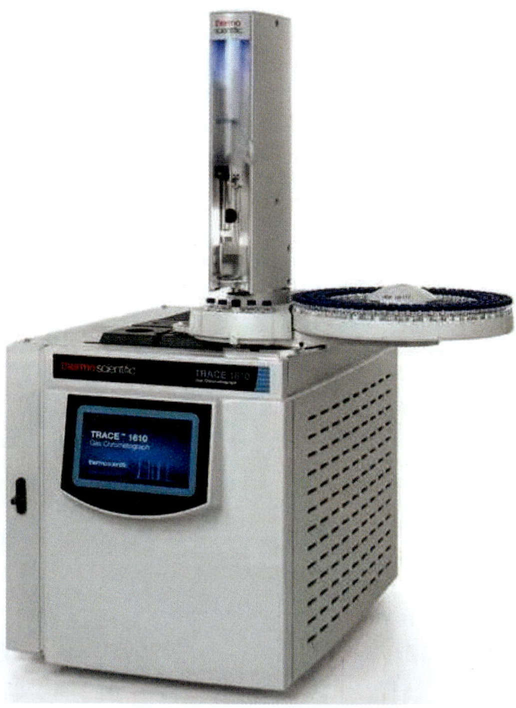

그림 7-1 기체크로마토그래피

출처: https://www.guiyisci.net

gas(운반기체) 라고도 부르며 이들의 역할은 시료들을 주입구부터 컬럼을 통과해 검출기로 이동시켜 주는 역할을 한다. 추가적으로 GC는 공기와 수소기체를 사용하게 되는데 이는 점화 시 필요하다. 여러 기체들을 복합적으로 사용하다 보니 공간을 많이 차지하고 관리하기가 편한 장비는 아니다. 그러나 HPLC상에서 분리하기 힘든 시료들을 분리하는 데 매우 효율적이다. 간단히 말해서 기화된 분석 시료들이 carrier gas에 의해 컬럼을 통과하며, 이동상과 고정상 사이의 흡착, 분배 등의 상호작용을 통해 성분을 분리하는 원리이다.

2) 기체크로마토그래피의 장점

① 단 한 번의 분석에서 여러 분석물(용질이나 기체 성분)을 동시에 정성, 정량 측정이 가능하다.

② 분석의 민감도는 장치의 구성 및 분석 조건의 설정에 따라 %에서 ppt 단위까지 폭이 넓다.

③ 모세관 컬럼을 사용함으로써 매우 뛰어난 분리능과 민감도를 얻기 쉬워진다.

④ 시료 주입에 자동시료주입기(autosampler)등을 사용함으로써 보다 높은 재현성을 확보할 수 있고 생산성 또한 향상시킬 수 있다.

⑤ 검출기에 질량분석기를 이용하여 미지 시료의 화학 종을 더 정밀하게 식별할 수 있다.

3) 기체크로마토그래피로 측정할 수 있는 성분 및 분야

시료가 기화할 필요가 있기 때문에, 대상이 되는 분석물은 기본적으로 휘발성 성분이어야 한다.

분야별 일반적인 대상 화합물 군은 다음과 같다.

- 제약, 의약
- 식품, 음료
- 환경
- 법의, 독물
- 화학, 공업, 석유화학
- 산업 및 응용과학

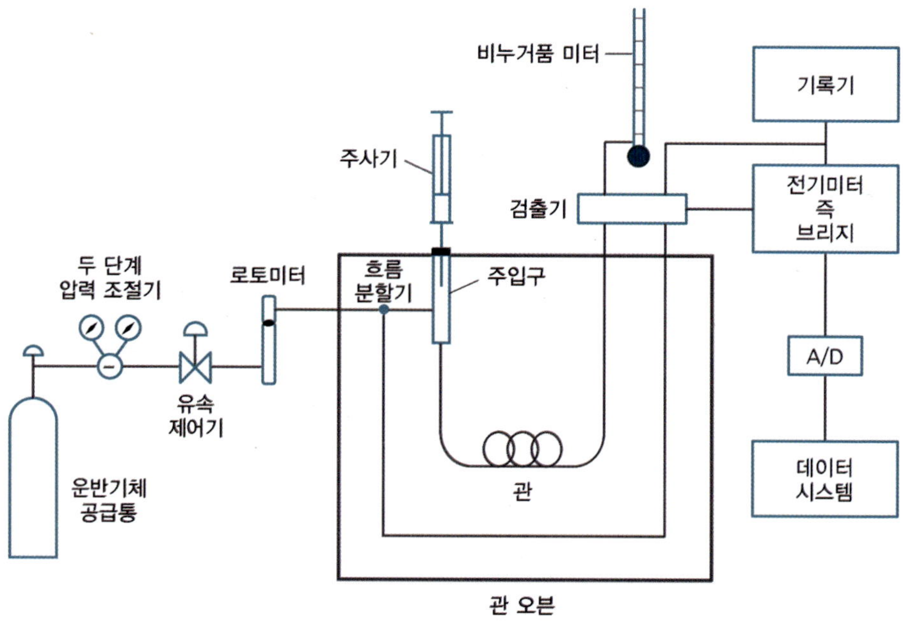

그림 7-2 기체크로마토그래피 모식도

4) 기체크로마토그래피의 원리 및 구성

기체크로마토그래피를 사용하여 시료 도입부에 주입된 기체 또는 액체 상태의 시료는 기화되어 캐리어 기체에 의해 컬럼 내로 이동된다. 각 성분은 충전물에 대한 흡착성과 용해성의 차이에 의해 컬럼 내에서의 이동속도에 따라 각각 분리되고, 컬럼 추구에 있는 검출기를 차례로 통과하여 크로마토그램 및 스펙트럼을 얻을 수 있다.

- 캐리어 기체 유량 제어부
- 시료 도입부(인젝터, 주입구)
- 분리부(컬럼)
- 검출기
- 데이터 처리부

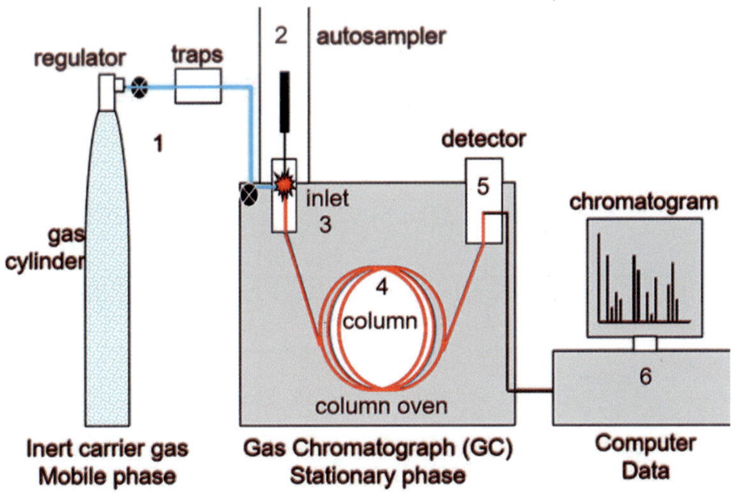

그림 7-3 기체크로마토그래피의 구성

5) 기체크로마토그래피의 정성, 정량 분석

기체크로마토그래피로 얻은 크로마토그램에서 나타난 피크(peak) 용출 시간과 면적 값을 통해 분석물의 정성 및 정량 분석을 한다.

- **정성**: 분석물의 피크 용출 시간
- **정량**: 분석물의 피크 크기(면적 값, 적분 값)

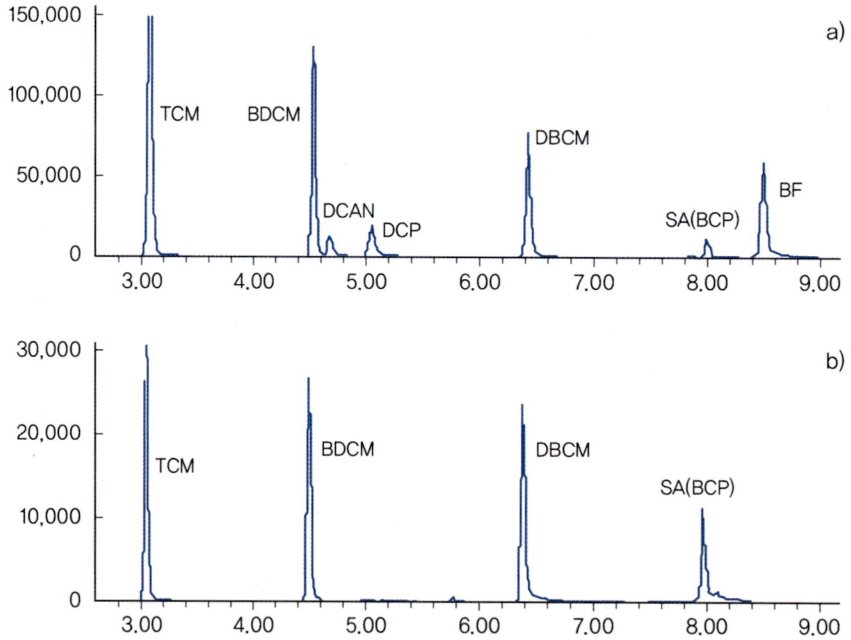

그림 7-4 기체크로마토그래피로 얻은 크로마토그램

(1) 기체크로마토그래피로 측정할 수 있는 시료

GC는 휘발성이며 열에 안정한 분석물 측정에 적합하다.

GC로 분석할 시료의 상태는 기체와 액체 두 가지가 일반적이다. 고체 시료의 경우에는 추출 및 용해, 분해 등 시료 전처리 작업에서 시료를 용액화할 필요가 있다.

(2) 기체크로마토그래피의 측정 시간

분석 시간은 일반적으로 몇 분 ~ 1시간 정도가 보통이지만 분석가의 목적이나 필요로 하는 분석 감도, 정확도, 분석물질의 수 등에 따라 크게 달라진다.

(3) 기체크로마토그래피 원리 특징

능숙한 기체크로마토그래피 사용을 위해서는 장치, 컬럼, 유도체화에 사용되는 시약 등의 최적화가 매우 중요하다. 특히 유도체화, 시료 도입부 조건 및 컬럼 형식 설정은 분석의 여부를 결정하기에 분석 목적에 따른 최적화가 필요하다.

6) 기체크로마토그래피의 작동순서

(1) 분석용 시료 수집 및 전처리

해당 화합물이 휘발성(기화될 수 있음)이지만 열에 안정적이면(고온에서 분해되지 않음) GC로 많은 시료를 분석할 수 있다. 고체, 액체 또는 기체 물질에서 시료를 수거할 수 있다. GC에서 분석할 시료를 전처리할 때 시료의 품질이 최종 크로마토그래피 결과의 정확성과 정밀도에 영향을 미치기 때문에 시료의 복잡성을 최소화하는 것이 중요하다. GC 분석에 앞서 분석물과 시료 매트릭스를 분리하고 농축하기 위해 다양한 매트릭스별 시료 전처리 기법을 사용할 수 있다.

(2) GC 컬럼 선택 방법

GC 컬럼은 크로마토그래피 분리가 일어나는 GC 시스템의 가장 중요한 구성요소이다. 적합한 GC 컬럼을 선택할 때 고정상, 컬럼 내경(ID), 필름 두께, 컬럼 길이의 4가지 주요 요소를 고려해야 한다. 이러한 요소들은 컬럼의 효율성, 분해력, 시료 용량에 영향을 미친다.

(3) Injector를 통한 시료의 주입

Carrier gas(운반기체)를 계속 흘려주는 상태에서 sample injector 부분에 시료가 주입하게 되면 운반기체가 시료들을 컬럼 내부로 이동시킨다. Injector부분에는 기화 장치가 있어서 시료를 기화시키고 컬럼 내부로 보낸다. 이 때 주입온도를 설정하게 되는데 보통 분석물질을 기화시킬 정도의 온도로 설정하는 것이 바람직하기 때문에 정해진 온도는 없다. 통상적으로 분석하려는 물질의 끓는점보다 50도 정도 이상으로 설정한다.

(4) Oven에서 시료의 분리

기화된 시료들이 Oven 안에 있는 컬럼으로 들어가게 되고 컬럼 안에서 분리가 이루어진다. 분리도를 조절하는 방법은 운반기체의 유속, 종류, oven 내의 구간별 온도설정, 컬럼 종류 등을 바꿔서 조절할 수 있다. 대중적으로 사용하는 컬럼은 capillary column을 사용하며 HPLC와는 다르게 길이가 짧으면 10m에서 분리목적에 따라 길이가 100m일 때도 있다. Oven의 온도는 200~300도 이상의 고온이기 때문에 컬럼은 열에 강한 금속을 사용한다. 그러나 열, 냉 과정을 반복하게 되면 컬럼이 손상되거나 분리도가 낮아질 수 있기 때문에 주의하여야 한다.

(5) Detector에서의 시료 검출

컬럼과의 상호작용으로 분리된 시료들은 detector로 이동하게 되는데 검출기의 종류는 FID, ECD, TCD 등이 있다. 가장 대중적인 검출기는 FID(Flame Ionization Detector)이다. 대부분의 화합물들이 가지고 있는 유기물이 수소-산소 불꽃에서 분해되어 전자와 이온으로 만들어지고, 만들어진 전자들이 전류가 되어 증폭시켜 측정하는 장비이다. 감도가 좋아서 많이 사용하지만 시료가 파괴되기 때문에 회수를 못 한다는 단점도 가지고 있다.

기체크로마토그래피 분석법은 다양하고 특정한 요구 사항이 제기되기 때문에 광범위한 응용 분야에 맞는 GC 검출기가 있으며 불꽃 이온화 검출기(FID)외에 열 전도도 검출기(TCD)가 있는데 여기에는 할로겐화 화합물용 전자 포획 검출기(ECD), 질소 또는 인 화합물용 질소 인 검출기(NPD), 황 및 인 화합물용 불꽃 광도 검출기(FPD)가 포함된다. 선택성과 감도를 높이기 위해 황 및 질소 검출용 특수 화학발광 검출기를 사용할 수 있다.

(6) 표준시료와의 비교 분석

시험 시료의 농도를 측정하기 위해 알려진 농도의 표준 시료를 GC 기기에 주입한다. 표준 물질의 피크 체류 시간 및 위치를 시험 시료 결과와 비교하여 미지의 농도를 결정한다. GC에서 시험 시료의 신뢰할 수 있는 정량화를 위해 일반적으로 외부 및 내부 표준을 사용한다. 알려진 표준 물질이 실제 시료와 별도로 분석되며 다른 크로마토그램의 시료 결과와 비교하는 경우 이를 외부 표준이라고 한다. 표준 물질이 시료에 첨가되어 동시에 분석되면 이를 내부 표준이라고 한다.

2. 액체크로마토그래피(Liquid Chromatography, LC)

고성능 액체크로마토그래피(High Performance Liquid Chromatography, HPLC)를 이용하여 다양한 형태의 시료 내 함유된 특정 성분 함량분석을 수행할 수 있다.

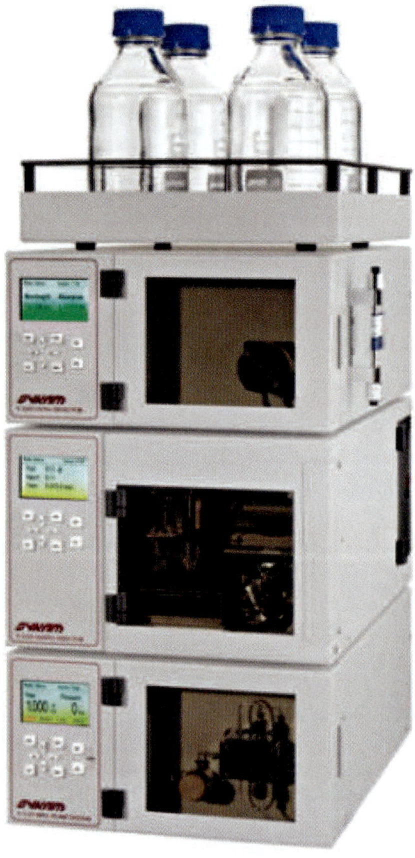

그림 7-5 액체크로마토그래피

출처: https://ajoo.or.kr/page/prod03

액체크로마토그래피 장비를 이용한 분석의 장점은 휘발성이 없는 시료의 분석에도 적용이 가능하다는 점이며, 기체크로마토그래피와 비교해 분석 가능한 분자량의 범위에 제한이 없다는 것이다. 단, 이동상에 대한 시료의 용해성이 분석의 진행에 가장 중요한 요인이므로 적절한 용매 조건과 분석 조건 확립이 가장 중요하다. 이러한 특정 성분 분석을 위해서는 해당 특정 성분의 참조물질(기준물질, 표준물질)을 제공해 주어야 정확한 정성 및 정량분석이 가능하다. 성분에 따라 분자의 구조가 모두 다르며, 함량에 따른 검출신호(peak signal)가 모두 다르기 때문이다.

1) 액체크로마토그래피의 종류

액체크로마토그래피란, 액체 또는 고체를 고정상(컬럼, column)으로 하여 이 컬럼에 이동상으로써 액체를 통과시켜 분리시키는 방법이다. 그 종류는 다음과 같다.

① 액체-고체 크로마토그래피(Liquid-Solid Chromatography, LSC)

② 액체-액체크로마토그래피(Liquid-Liquid Chromatography, LLC)

③ 물질을 분리시키는 기법의 차이에 의한 이온교환 크로마토그래피(Ion exchange Chromatography, IC)

④ 크기배제 크로마토그래피(Size Exclusion Chromatography, SEC)

액체-고체 크로마토그래피(Liquid-Solid Chromatography, LSC)란 이동상이 액체이고 고정상이 고체인 흡착 크로마토그래피이다. 흡착제로 사용되는 것은 주로 실리카, 알루미나, 분자체, 다공성 유리 등이며 고정상인 흡착제의 극성이 높기 때문에 극성이 강한 시료는 흡착제와 작용을 일으켜 용출이 쉽게 되지 않으며 피크가 길게 나타난다.

액체-액체크로마토그래피(Liquid-Liquid Chromatography, LLC)는 시료성분이 이동상의 액체와 고정상의 액체 사이에서 분배되는 분배크로마토그래피이다. 고정상으로서 사용되는 액체가 반드시 용매일 필요는 없으며, 물이 고정상이고 유기용매가 이동상인 경우도 있다. 이동상과 고정상의 상호 작용의 강하기에 따라서 순상과 역상으로 나누어지며, 순상이란 고정상의 극성이 이동상의 극성보다 높은 상태에서 시료의 분배가 되는 것을 말하며 역상이란 고정상의 극성이 이동상보다 낮은 것을 말한다. 이동상과 고정상의 상관관계를 비교하여 시료에 따른 고정상의 극성을 순상 또는 역상을 선택하고, 적절한 이동상을 사용하여야만 성공적인 분석결과를 얻을 수 있다.

표 7-1 액체-액체크로마토그래피의 순상과 역상

구분	순상(Normal phase)	역상(Reverse phase)
고정상(컬럼)의 극성	높음	낮음
이동상(용매)의 극성	낮거나 중간	중간 또는 높음
시료성분의 용출순서	극성이 낮은 성분이 빨리 용출된다.	극성이 높은 성분이 빨리 용출된다.
이동상의 극성을 높인 경우 시료의 용출	늦게 용출된다. (분석 시간이 길어진다)	빨리 용출된다.
소요되는 분석시간	짧은 분석시간	긴 분석시간
분석대상 시료	극성 시료	비 극성 시료

이온교환 크로마토그래피(Ion exchange Chromatography, IC)는 합성 유기수지 또는 합성 무기수지를 사용하여 시료와 수지 사이의 이온 강도에 의하여 성분을 분리시키는 것으로서, 수지와 친화력에 있어 차이가 있으며 그 친화력의 차이를 이용하여 성분을 분리시킨다. 이동상은 이온교환이 일어나기에 적합한 완충액이어야 하며 여러 종류의 염류를 용해시킬 수 있어야 한다. 또한, 이동상인 용매의 적절한 이온강도에 의하여 시료의 분리시간을 조절할 수 있어야 한다.

크기배제 크로마토그래피(Size Exclusion Chromatography, SEC)는 크기가 고르고 다공성이며 비이온성인 겔을 고정상으로 하여 분자 크기에 따라 물질을 분리하는 것이다. 크기가 작은 물질은 다공성을 지닌 고정상의 공간으로 들어가 다시 빠져 나오는 데

시간이 걸리므로 용출시간이 오래 걸리고 크기가 큰 분자의 경우는 다공질의 공간에 들어갈 수 없으므로 이동상과 함께 빠르게 이동되어 용출시간이 짧게 걸린다. 따라서 용출되는 순서는 분자의 크기가 큰 물질이 빨리 용출되고 분자의 크기가 작은 물질은 늦게 용출된다. 분자량이 약 2,000 이상의 고분자물질을 분리하는 데 사용되며 시료분자의 화학적인 성질보다는 크기에 의하여 분리된다.

2) 액체크로마토그래피(High Performance Liquid Chromatography, HPLC)의 특징

(1) 크로마토그래피의 역사(History of Chromatography)

- 크로마토그래피: 시료 중 혼합 성분을 단일 성분별로 분리하는 분석기술
- 분리: 이동상과 고정상 사이의 상호작용(흡착, 분배)에 의한 물질의 분리
- Chromatography 어원
  Chrom: 색(Color) Graphein: 기록(Graphy, record)
- 1905, Ramsey: Charcoal과 같은 흡착제를 이용하여 기체와 증기의 혼합물 분리
- 1906, Michael Tswett: 식물 잎의 엽록소(클로로필과 크산토필..) 분리하기 위하여 유리관에 흡착제(탄산칼슘)를 충진시켜 석유에테르를 사용하는 실험을 고안하여 이 방법을 Chromatography라 명명함. 즉, 액체크로마토그래피 이용하여 식물색소 분리. (처음으로 Chromatography란 용어 사용)
- 1941, Martin & Synge: 액체－액체크로마토그래피 개발
- 1952, James & Martin: 기체－액체크로마토그래피 개발
- 정식 분류: Gas-Liquid Chromatography이며, 실제로 기체(Gas) 샘플 외에 대부분의 경우 액상 시료를 도입하여 분석하는 경우가 많다.

HPLC – 현대의 모든 산업, 의료 및 연구를 비롯한 다양한 분야에서 매우 유용하게 사용되는 분리분석 기술로써 시료의 정성, 정량분석에 사용된다. 1960년대 후반 정교한 제어가 가능한 고압펌프의 개발로 고압액체크로마토그래피(High Pressure Liquid

Chromatography)에 의해 분석 시간이 획기적으로 줄었으며, 상업적인 판매도 매우 증가하였다.

현재는 고성능 액체크로마토그래피(HPLC: High Performance Liquid Chromatography) 시스템이 입반화되었으며, 10,000psi 이상의 고압을 지원하는 초고성능 액체크로마토그래피(UPLC: Ultra Performance Liquid Chromatography)도 개발되어 사용되고 있다.

그러나, 현재 많은 양의 시료에 대한 빠른 분석을 요구하는 제약, 생동성실험 관련 분야를 제외한 일반적인 실험조건에서는 아직 HPLC 시스템이 범용적으로 사용되며, 그 이유는 UPLC의 빠른 분석능력에도 불구하고, 컬럼의 손상 및 HPLC 시스템으로 대부분의 분리 분석 시험이 가능하기 때문이다.

(2) HPLC system Type

크로마토그래피 시스템은 크게 기체크로마토그래피(GC), 겔 크로마토그래피(Gel chromatography), 액체크로마토그래피(LC)로 분류할 수 있다. 기체크로마토그래피 시스템은 휘발성 샘플 분리 및 분석에 사용되며, 겔 크로마토그래피 시스템은 분자량이 2000이 넘고 비-휘발성 샘플을 분석하는 데 사용된다. 액체크로마토그래피는 분자량이 2000 이하인 비-휘발성 시료 분석에 사용된다.

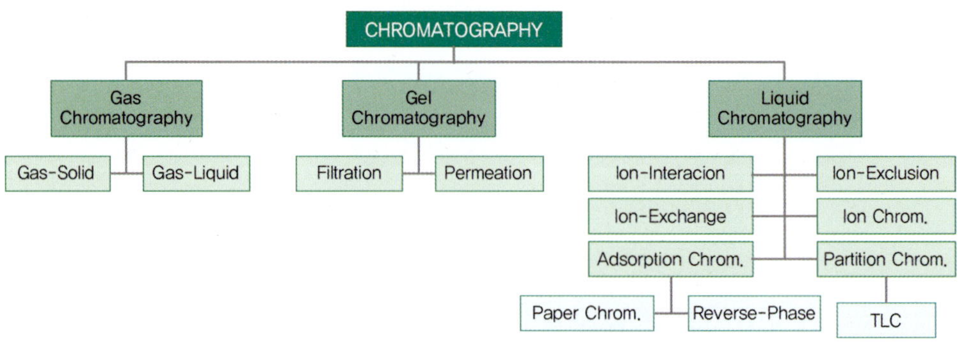

그림 7-6 액체크로마토그래피의 종류

(3) HPLC system Configuration

HPLC를 이용한 분리분석의 기본적인 원리는 액체크로마토그래피와 동일하며, GC 시스템과 마찬가지로 고정상(stationary phase)과 시료(sample) 및 이동상(mobile phase)의 상호작용이 시료 성분의 분리에 영향을 미치지만, 액체크로마토그래피 시스템은 기체크로마토그래피 시스템과는 달리 분석 가능한 분자량의 제한이 없다.

즉, HPLC 는 GC에 비해 비교적 분자량이 크거나 비-휘발성인 시료를 분석할 수 있으며, 분석한 시료의 회수가 가능하다는 장점이 있다.

표 7-2 GC와 HPLC의 비교

GC	HPLC
시료의 휘발성	시료의 용해성
열적 안정성	pH 안정성
M.W <500	M.W 제한 없음
고정상의 선택성	고정상과 이동상의 선택성
시료 회수가 불가능	시료 회수 가능
고-감도 검출능력	상대적으로 감도가 낮음

3) 액체크로마토그래피의 구성 및 원리

HPLC 시스템의 구성은 일반적으로 아래와 같다.

- 이동상 중의 용존산소, 질소, 기포 등을 제거하기 위한 탈기장치(Degasser)
- 이동상인 용매(Eluents)를 운송하기 위한 고압 펌프(pump)
- 시료를 주입하기 위한 주입장치(Injector)
- 혼합된 시료의 분배가 일어나는 컬럼(Column)
- 성분의 검출을 위한 검출기(Detector)
- 기기제어 및 시그널 수집 분석하는 제어시스템(Integrator:컴퓨터+소프트웨어)

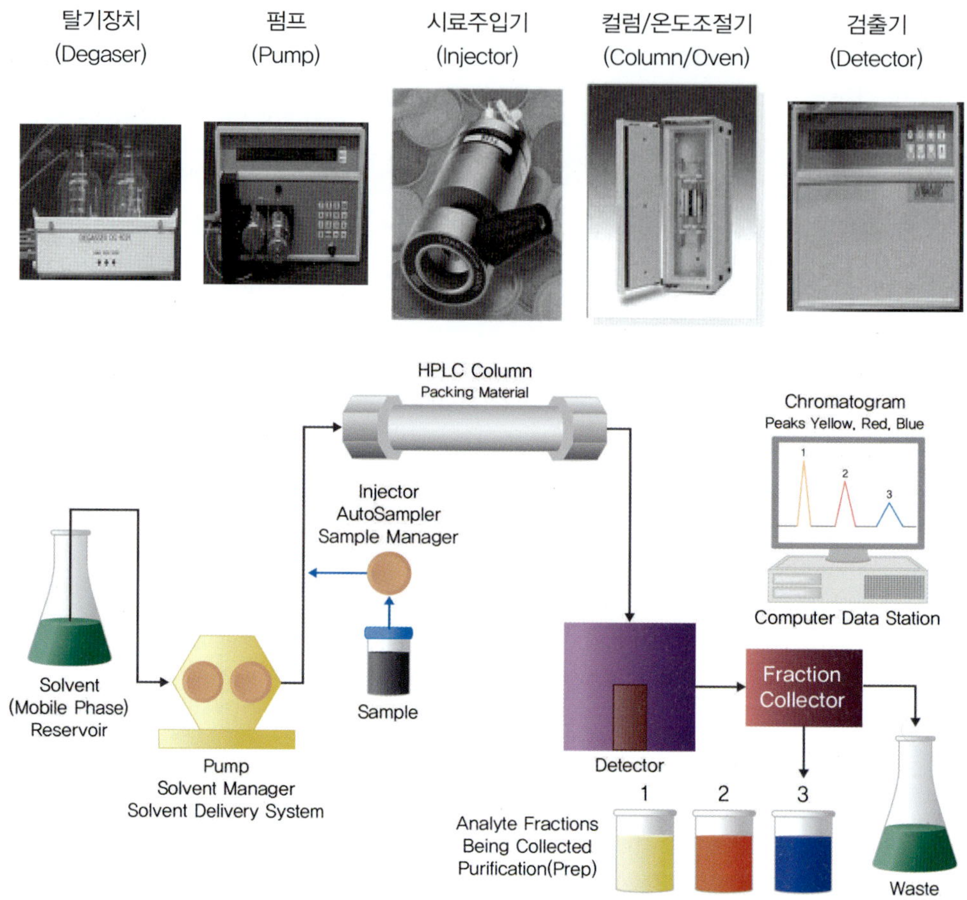

그림 7-7 액체크로마토그래피 시스템 기본 구성도 및 모식도

출처: https://www.waters.com

(1) 탈기장치: Degasser

이동상 중의 용존산소, 질소, 기포 등을 제거하여 컬럼 내에서 이동상(mobile phase)에 대한 댐핑 현상을 줄여주는 장치이다. 탈기방법으로는 이동상 용매에 헬륨 기체를 주입하여 용존된 기포 등을 제거하는 헬륨 퍼징(Helium sparging), 혼합된 이동상 용매를 멤브레인 필터를 이용하여 여과(membrane filtering vacuum filteration), 강력한 초음파를 이용하여 탈기하는 방법(ultra-sonication) 등이 사용된다.

현재 대부분의 제조사에서 채용하는 탈기방법은 액체크로마토그래피 시스템의 펌프에 직접 연결된 on-line degasser를 장착하고 있다. On-line degasser 탈기장치는 용매가 일정한 진공상태가 유지되는 챔버 속에 장착된 membrane tube를 지나가도록 하여 gas가 membrane tube 밖으로 배출되고 용매만 통과하여 펌프로 공급하는 방식이다.

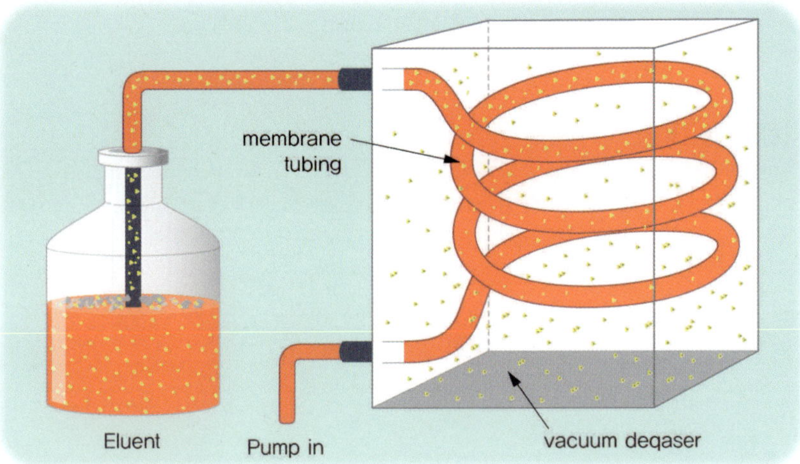

그림 7-8 액체크로마토그래피 On-line degasser

(2) 송액장치(Pump)

HPLC 시스템의 펌프의 역할은 이동상으로 사용되는 용매를 저장용기로부터 시료 주입기를 거쳐 컬럼으로 연속적으로 보내어 최종적으로는 검출기를 통과한 후 이동상인 용매와 시료 주입기를 통해 주입된 시료가 밖으로 나올 수 있도록 압력을 가해 주는 장치이다.

따라서, 펌프는 일정한 압력과 유속을 유지할 수 있도록 해야 하며, 다양한 용매를 사용할 수 있으며, 또한 용매에 대한 내구성이 뛰어나야 한다.

펌프의 종류에는 Isocratic pump와 Gradient pump가 있으며 현재 다양한 용매의 기울기를 보정하여 분석시간 동안 이동상의 조성을 시간의 흐름에 따라 조절함으로써 분석조건을 향상시킬 수 있는 gradient pump가 주로 사용된다. Gradient Pump의 경우 2가지의 용매를 사용하여 분석하는 방법 또는 3가지의 용매를 사용하여 분석할 수 있도록 되어 있다.

- Isocratic pump(단일용매펌프): 분석시간 동안 이동상 용매 조성의 변화가 없다.
- Gradient pump: 분석시간 동안 이동상 용매 조성의 변화를 조절할 수 있다.
  -Binary pump(2개 용매펌프)와 Quaternary pump(4개 용매펌프)

(3) 시료주입기(Injector)

분석하고자 하는 시료를 용매의 흐름에 실어주는 것으로써 샘플을 주입하는 방식에 따라 크게 자동시료주입기(Auto Injector/Autosampler)와 수동시료주입기(Manual Injection)로 구분할 수 있다.

① Manual Injection – 수동 시료주입기(루프 타입: Loop)

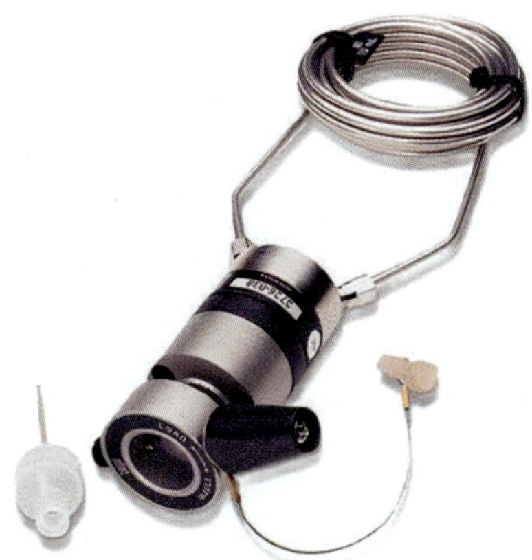

그림 7-9 액체크로마토그래피의 수동 시료주입기

출처: https://www.agilent.com/

② Auto Injection

자동시료주입기는 많은 양의 시료에 대한 연속적인 주입 및 사용의 편의성을 확보할 수 있으며, 샘플 루프에 분석하고자 하는 시료를 채운 후 밸브를 회전하여 포트를 변경함으로써 이동상으로 사용되는 용매의 흐름에 실어주는 역할을 한다.

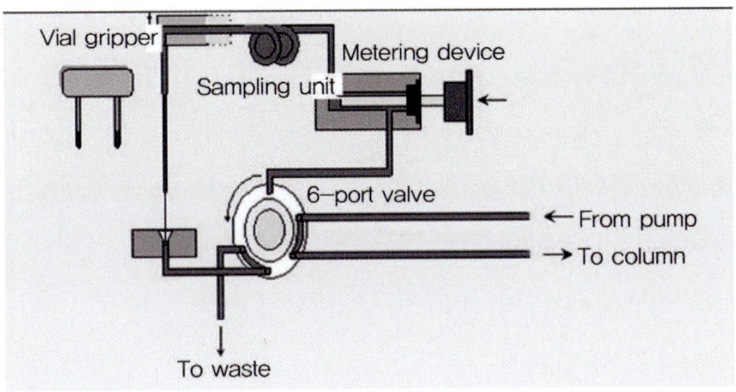

그림 7-10 액체크로마토그래피의 자동시료주입기 밸브 포지션

(4) 컬럼(Column)

컬럼의 구성은 관 모양의 용기에 충진제를 채워서 사용하도록 구성되어 있으며, 분석시료의 종류에 따라 컬럼의 크기 및 충진제의 종류를 선택하여 사용한다. 컬럼의 역할은 GC와 마찬가지로 혼합상태의 시료를 화학적/물리적 특성에 따른 머무름(retention) 정도의 차이에 의해 혼합성분을 단일성분으로 분리한다. 컬럼의 종류는 순상, 역상, 이온, 크기배제 컬럼 등이 있다. 컬럼 선택시 고려할 점은 다음과 같다.

- 충진제의 재질
- 충진제의 입자 크기
- 충진제의 형태
- 충진제의 pore size

충진제의 입자 크기가 작을수록 분리 효율은 증가하며, Back pressure도 증가한다.

표 7-3 충진제의 입자 크기와 용도

입자크기	용도
5 ㎛	높은 분리효율과 적합한 작동압력을 제공. 분석용 컬럼으로 가장 많이 사용됨
3 ㎛	분석시간의 단축할 수 있으나 컬럼 제작에 어려움이 있다.
10 ㎛	QA 목적 실험이나 분취 목적 등으로 많이 사용된다.
〉 10 ㎛	분취 목적 응용에 사용.

컬럼 선택 프로세스

- 분석하고자 하는 시료의 물리. 화학적인 특성 검토
- 분리에 적합한 컬럼 선택(충진제의 극성도, 입경, 컬럼의 내경 및 길이를 고려)
- 표준품을 이용한 크로마토그램 획득
- 최적효율의 분리를 위한 용매의 조성비 결정
- 피크의 분리간격 최적화
- 피크의 분리가 적합하지 않은 경우 컬럼 변경

컬럼 온도 조절기(Column Temperature Control Oven)

분리능 향상 및 분석 결과의 재현성 보장을 위해 컬럼 온도를 적절하게 설정 유지한다. 1개의 컬럼 장착용 또는 여러 개의 컬럼을 장착할 수 있는 제품도 있으며 대부분의 제품은 최대 80℃~90℃ 온도범위로 0.1℃ 단위로 제어가 가능하다. 또한 멀티 컬럼 오븐의 경우 컬럼 스위칭 기능을 가진 제품도 있다. 컬럼 인식 기능을 가진 제품이 사용이 편리하다.

(5) 검출기(Detector)

컬럼에서 분리된 시료가 일정한 간격으로 검출기를 통과할 때 시료의 존재 및 양을 일정한 규칙에 의해 인식하여 전기적인 신호로 바꾸어 준다.

검출기의 종류

- 가변파장 검출기(Variable Wavelength Detector)
- 다이오드 어레이 검출기(Diode-Array Detector)
- 형광 검출기(Fluorescence)
- 굴절률 검출기(Refractive Index Detector)
- 전기화학 검출기(electrochemical Detector)
- 전도도 검출기(Conductivity Detector)

* UV-Vis Detector

가장 많이 사용되고 있는 검출기로써 화합물이 빛을 흡수하는 성질을 이용한 방법이다. 즉, 화합물들 중에는 자외선 혹은 가시광선 영역의 빛을 흡수하는 성질을 가진 화합물들이 있는데, 이들이 검출기의 셀을 지나면서 흡수한 빛의 양을 전기적인 신호로 바꾸어 주는 원리를 이용한 것이다. UV-Vis 검출기는 약품, 식품, 향료, 펩타이드와 단백질 및 비타민 등의 다양한 분야에서 폭넓게 사용되고 있다.

UV-VIS 검출기의 종류

① 고정형 흡광도 검출기(Absorbance Detector): 측정하고자 하는 파장이 필터에 따라 결정이 되어 있어서 몇 개의 고정된 형태(214, 229, 254, 265, 280, 313, 405, 436, 536nm)의 파장만을 사용할 수 있다.

- 가변형 흡광도 검출기(Variable wavelength Detector: VWD): 일반적으로 190nm~600nm 사이의 파장 중에서 원하는 파장을 선택하여 사용함으로써, 고정형에 비하여 다양한 파장을 선택할 수 있으며, 2~5개의 파장을 동시에 선택할 수도 있어서 매우 편리하다.
- 광다이오드 배열 검출기(Photo-Diode Array Detector: DAD): 흡수셀을 통과한 빛을 다이오드 배열판으로 반사시켜서 190nm~900nm까지의 전 파장을 동시에 검출할

수 있다. DAD 검출기는 신속하게 모든 파장의 스펙트럼 인 및 다파장 검출이 가능하고, 탁월한 파장 재현성을 갖는다. 또한 컴퓨터 소프트웨어를 이요하여 수집한 결과를 3차원적인 크로마토그램의 해석이 가능하다.

② 형광 검출기(Fluorescence Detector)

분자는 외부로부터 에너지를 흡수하게 되면 들뜬 상태로 되었다가 안정화되기 위하여 에너지를 방출하면서 기저상태로 돌아가려는 성질을 가지고 있는데, 이러한 과정에서 빛이나 열 혹은 소리 등을 발생시킨다. 형광검출기는 이러한 에너지 평형 상태 중에 형광을 발생하는 화합물을 특이적으로, 검출하는 검출기로써 흡광도 검출기에 비하여 10-100배 이상의 우수한 감도를 가진다.

광원(Light Source)은 주로 수은등을 사용하는데, 연속광원인 크세논을 사용하는 분광형광 검출기도 있으며, 레이저를 광원으로 사용하여 감도를 더욱 향상시킨 제품도 생산되고 있다.

형광 검출기는 제약분야의 임상시험 시료나 생명과학 분야에서 아미노산 분석을 비롯한 환경, 식품 등 다양한 분야에서 사용되고 있다.

③ 굴절률 검출기(Refractive Index Detector)

굴절률 검출기는 시료가 가지는 농도의 변화에 따르는 빛의 굴절률의 차이를 측정하는 것이다. 셀은 시료가 통과하는 샘플셀(sample cell)과 이동상만으로 채워진 기준셀(reference cell)로 구성되어 있으며, 분석시간 동안 reference cell은 이동상만으로 채워지고, 시료를 포함한 이동상은 sample cell을 통과하여 흐른다. 이때 두 cell의 농도차에 의한 굴절률의 차이가 발생하는데, 이를 전기적인 신호로 나타내어 크로마토그램으로 화면에 나타난다.

굴절률 검출기는 거의 모든 화합물에 대하여 감도를 나타내지만, 흡광도 검출기나 형광 검출기에 비하여 감도가 낮고, 이동상의 유속과 온도에 대해서 매우 민감하게 반응한다.

굴절률 검출기는 흡광도 검출기나 전기전도도 검출기에서 검출이 안 되는 고분자 화합물이나 당 등의 분석에 주로 이용된다.

④ **전기화학 검출기**(electrochemical Detector)

전기화학 검출기는 정전위 전기분해가 가능한 화합물을 선택적으로 검출할 수 있다. 셀의 내부로 들어간 시료는 일정한 전압이 걸린 기준전극의 전위를 기준으로 하여 작업전극과 보조전극의 전기화학반응, 즉 산화환원반응에 의한 전자의 이동이 일어나며, 이때에 발생하는 전류의 양을 측정하여 크로마토그램으로 시각화하는 방법으로 정량분석을 하게 된다.

전기화학 검출기는 제약 및 생명과학 분야에서 catecholamine류 및 tryptophan 대사물 등의 분석과 환경분야의 페놀이나 무기 및 유기금속 화합물류 분석, 식품중의 당 분석 등에 이용된다.

⑤ **전기전도도 검출기**(Conductivity Detector)

전기전도도 검출기(conductivity Detector)는 두 전극 사이의 전기전도도 차이를 이용한 것으로 이동상만이 흐르던 셀의 내부로 용해된 시료가 통과하게 되면 두 전극 간의 저항값이 달라지게 되고, 이러한 차이를 전기적인 신호로 바꾸어서 크로마토그램으로 해석할 수 있다.

(6) 이동상 용매

HPLC 시스템에서 용매는 이동상으로써의 역할뿐만 아니라 고정상과 시료와의 친화도에 영향을 미치는 주요한 인자로써 역할을 한다. 이동상 용매로써 사용되는 모든 용매는 HPLC용으로 만들어진 HPLC grade를 사용하는 것이 바람직하다. 또한 극성도를 조절하기 위해서 사용하는 물 또한 저항값이 18MΩ 이상인 초순수 등급 물을 사용해야 한다.

또한 용매들은 분리하고자 하는 시료를 녹일 수 있어야 하며 측정하고자 하는 파장보다 낮은 UV cutoff 값을 가지고 있어야 한다.

① 용매의 세기

용매의 강도는 위의 표와 같이 역상(Reverse phase) 그리고 순상(normal phase)에 따라 서로 반대의 강도를 가지게 되며, 역상에서는 유기용매와 물의 혼합시에 물의 함량이 많아질수록 성분의 머무름 시간(retention time)은 길어지게 된다.

② 용매의 섞임성

HPLC에서 단일 용매를 사용하는 경우는 거의 없고, 대부분 혼합용매를 사용하기 때문에 용매는 섞임성이 있어야 한다. 또한 사용하는 컬럼의 종류에 따라서 이동상으로 사용하는 용매의 극성도와 이온화 정도 및 친유성, 친수성 등을 고려하여야 한다. 서로 섞이지 않는 용매를 동일한 HPLC 시스템에 사용하게 되면 컬럼의 치명적인 손상을 초래할 뿐 아니라 전체 시스템에서 막힘현상이나 염의 석출 등이 발생하게 되므로 주의하여야 한다. 따라서 섞임성이 용매를 교환하고자 할 경우에는 컬럼을 제거한 후 isopropyl alcohol 또는 tetrahydrofuan 등의 양성 용매로 충분히 세척한 후에 원하는 용매를 흘려 주어야 한다.

③ 용매의 여과

HPLC에 사용되는 컬럼은 수μm 단위의 매우 미세한 입자로 충진되어 있기 때문에 이동상에 포함된 미세입자들이 컬럼을 막는 경우를 방지하기 위하여 이동상 및 시료 등은 반드시 여과하여 사용하여야 한다. 여과장치와 필터를 이용하여 여과하며, 용매 저장병에는 금속 필터를 이용하여 미세입자가 컬럼 내부로 유입되는 것을 방지해 주어야 한다.

그러나 이러한 노력에도 불구하고 컬럼은 자주 막히게 되는데, 대부분의 원인은 시료 속의 미세입자 등에 의해서 컬럼의 입구가 막히는 경우 또는 시료 및 시료중의 불순물이 이동상 용매에 완전히 용해되지 않았기 때문이다.

시료를 용매에 주입하기 전에 사용하는 필터의 경우 지용성과 수용성이 있으므로 적절하게 선택해서 사용해야 하며, 여과하는 시료의 오염 정도와 양에 따라서 적당한 필터의 직경을 선택하여 사용해야 한다.

④ 이동상 용매의 제조

이동상으로서의 조건을 만족하는 용매를 선정하고, 미세먼지 등의 이물질을 제거한 용매는 이동상으로서 좋은 분리능을 가질 수 있는 알맞은 조성비로 섞어 주게 된다. 대부분의 실험실에서는 용매를 기기분석실 내부에 저장하기보다는 외부의 용매 저장소에 저장하는 경우가 많은데, 외부의 온도는 실험실의 온도와는 차이가 나는 경우가 있다.

이 경우 이동상으로 사용할 용매를 용매 저장고로부터 가져와서 곧바로 혼합하게 되면 온도의 차이에 따라서 용매 부피의 비율이 달라지는 경우가 있으므로 실험실에서 충분한 시간을 방치한 후 혼합하도록 한다.

혼합할 때에는 각각의 용매를 부피 대 부피로 계량한 후 곧 바로 혼합하도록 해야 한다. 각각의 용매를 부피의 비율로 섞지 않고 한 용매에 다른 용매를 섞으면서 용량을 맞추는 경우도 있는데, 이 경우 용매의 성질에 따라서 흡열 및 발열반응이 일어나며 부피의 비가 달라질 수 있다. 또한 용매의 섞임성이 일정하지 않아서 다음에 분석할 경우에 분석의 재현성이 떨어진다.

(7) 완충용액의 사용(Buffer Solution)

분석하고자 하는 시료가 이온성 시료일 경우에는 이온의 억제나 이온쌍의 형성을 위하여 완충용액(Buffer solution)을 사용하는 경우가 있다. 이외에도 생리활성 물질 등을 순수분리하거나 정제할 때, 또는 pH를 조절할 목적, 이온성 물질을 분리할 때 이온강도를 조절할 목적으로 완충용액을 사용한다.

(8) UV/Vis 검출기의 발색단

UV-Vis 검출기에서 분석하고자 하는 물질은 이 검출기에서 흡광도를 가져야 한다. 모든 물질이 자외선 및 가시광선부에서 빛을 흡수하는 것이 아니므로 각 물질의 분자 내에 대표적인 흡수 스펙트럼을 가지는 구조가 존재하는지를 먼저 조사하여야 한다.

(9) Data process & Control software

HPLC 시스템의 제어는 크게 HPLC 시스템 본체(최근에는 터치스크린방식)에서 컨트롤 또는 컴퓨터 소프트웨어를 사용하여 편리하게 제어, 데이터 수집, 결과도출, 성적서 출력까지 할 수 있다.

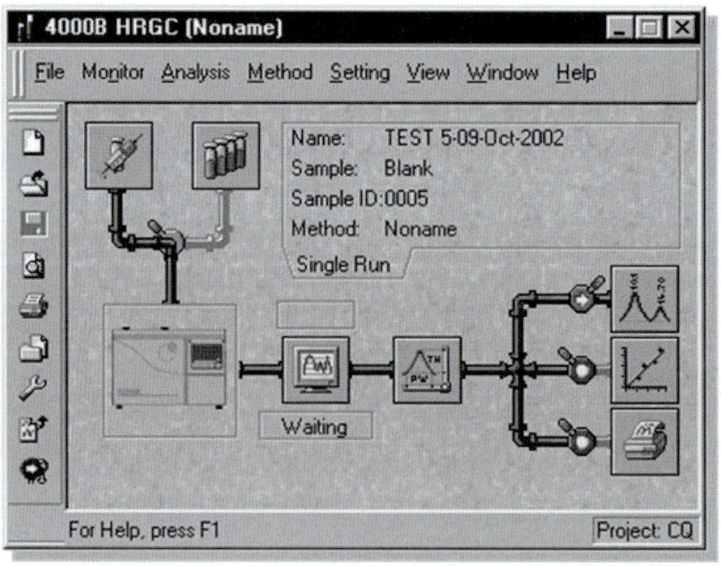

그림 7-11 액체크로마토그래피의 Control software

4) 액체크로마토그래피의 장점

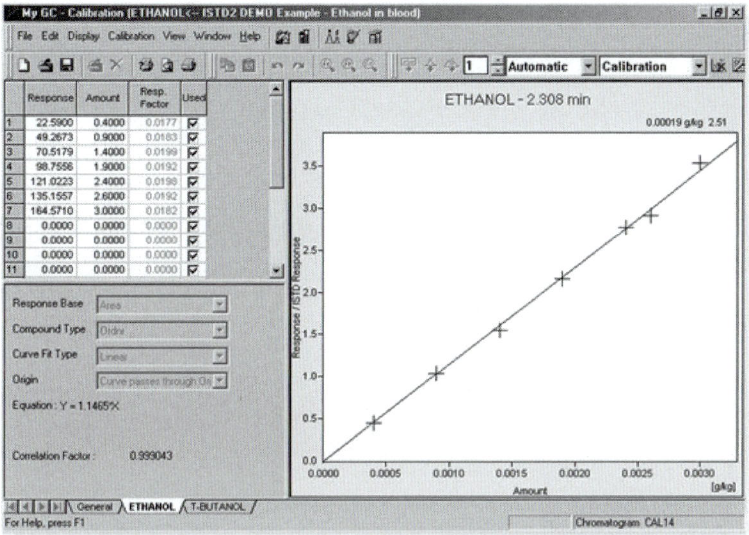

그림 7-12 액체크로마토그래피의 Standard curve

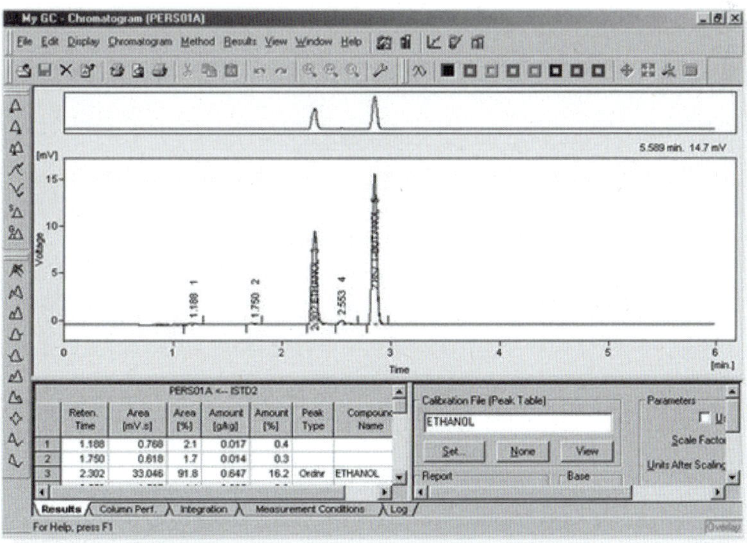

그림 7-13 액체크로마토그래피의 크로마토그램

다양한 컬럼과 서프레서 기술로 시료 분석의 선택성이 증가한다. 또한 전이금속, Silicate 같은 이온은 해당 성분에만 선택적으로 반응하는 시약을 사용하여 자외선/가시광선으로 검출함으로써 탁월한 선택성을 보장한다. 한 번의 시료 주입으로 동시에 여러 성분을 검출할 수 있다.

고속 액체크로마토그래피(HPLC)는 휘발성이 문제가 되지 않으므로 분자량이 큰 물질의 분석에도 사용될 수 있다. 얼마 전까지만 해도 GC가 LC에 비하여 이동상의 차이 때문에 신속한 분석법이었으나 근래에는 HPLC가 분리 능력이나 응용범위 면에서 신속 정확한 방법으로 각광받고 있다.

GC의 경우 일반적인 사용온도범위(약 350℃) 이하에서 기화되지 않는 비휘발성 물질이며 열변성이나 열분해를 쉽게 받는 시료는 일반적으로 직접 분리할 수 없다. 하지만 HPLC는 시료가 상온에서 용해 불가능하여 가온할 필요가 없는 경우를 제외하면 온도와 관계없이 용매가 용해되는 시료는 모두 분리가능하다.

5) 액체크로마토그래피의 측정분야 및 성분

HPLC는 액체 시료에서 준 휘발성 및 비휘발성 화합물을 분리, 식별 및 정량하는 화학 분석 기법이다. 제약 및 바이오제약, 환경 및 식음료 등의 산업 분야에서 화합물의 특성 분석, 정제 및 정량화에 HPLC를 사용한다.

액체크로마토그래피(Liquid Chromatography)는 이동상이 액체인 것을 말한다. 고정상으로서 각종 고체 또는 액체를 사용하고 시료를 적당한 전개제로 이동시켜, 시료중 성분의 고정상에 대한 흡착성이나 분배계수의 차이에 따른 이동속도의 차를 이용해 이것을 분리하는 방법이다. 분리된 시료는 차동굴절계 또는 자외광도계에 의해 검출한다. 고정상에 따라서 분배, 흡착, 이온교환, 겔투과법 등으로 분류된다. 무기이온, 아미노산, 단백질 등의 정제나 정량에 유용한 방법이다. HPLC 시스템은 천연물을 비롯하여 식품, 농약, 생명공학, 신약개발 등 다양한 분야에서 가장 많이 사용되고 있다.

표 7-4 활용 및 연구분야

구분	결과정보
제약	연구개발, 제조 품질 관리, 불순물 및 분해 산물 분석에 HPLC를 활용함으로써 의약품에 의도하지 않은 성분과 유해한 성분유무 확인
바이오	분자 표적 식별, 약물 표적 스크리닝, 펩타이드 맵핑 및 서열 분석을 통한 약물 생산, 항체 분석, 생물학적 활성 물질의 정제 등
단백질체학 & 대사체학	생물학적 시료 연구자들은 복잡한 단백질체학 및 대사체학 연구에 고분해능 정밀 질량 또는 삼중 사중극자 질량분석법과 결합된 나노-, 캐필러리- 및 마이크로- 유속 액체크로마토그래피를 활용
임상연구	혈액, 혈장 및 혈청과 같은 복잡한 생체액을 분석함으로써 표적 약물의 정밀한 개발을 지원
식품 & 음료	잔류 살충제를 검출하고 원료의 순도와 진위성을 검증하여 식품 및 음료에 불순물 및 유해한 독소와 발암물질 유무 확인
환경	물과 토양에서 비금속 유기물 기반 오염물질을 식별, 모니터링 및 정량화
법의학 & 독성학	범죄 수사와 관련된 약물 스크리닝, 정량화 및 확인

6) 액체크로마토그래피의 작동순서

저장 용기에는 용매(움직이기 때문에 이동상이라고 함)가 담긴다. 고압 펌프(용매 이송 시스템 또는 Solvent Manager)는 일반적으로 분당 밀리리터 단위로 지정된 이동상의 유속을 생성하고 측정하는 데 사용된다. 주입기[Sample Manager 또는 자동 샘플 주입기]는 샘플을 HPLC 컬럼으로 운반하는 연속적으로 흐르는 이동상 스트림에 샘플을 도입[주입]할 수 있다. 컬럼에는 분리에 필요한 크로마토그래피 충전재가 들어 있다. 이 충전재는 컬럼 하드웨어에 의해 제자리에 고정되기 때문에 고정상이라고 한다. HPLC 컬럼에서 용리되는 분리된 화합물 띠를 보려면 검출기가 필요하다. 대부분의 화합물은 색상이 없으므로 눈으로 확인할 수 없다. 이동상은 검출기를 빠져나와 필요에 따라 폐기물로 보내지거나 수집될 수 있다.

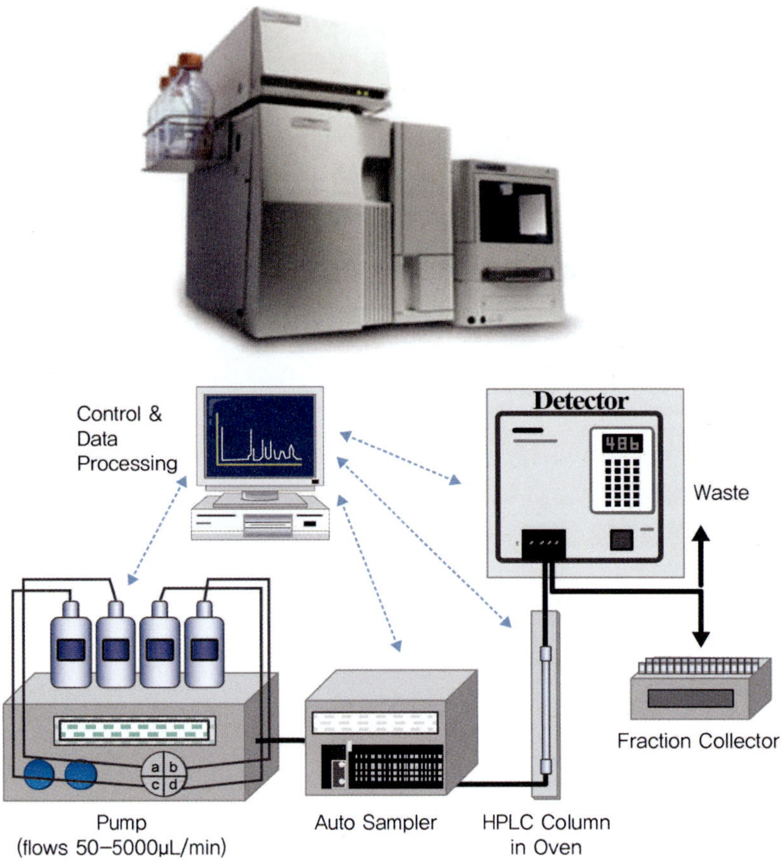

그림 7-14 액체크로마토그래피의 작동순서

출처: https://jungbumoney.com

펌프, 주입기, 컬럼 및 검출기 구성 요소를 상호 연결하여 이동상, 샘플 및 분리된 화합물 띠를 위한 도관을 구성하기 위해 고압 튜브와 피팅이 사용된다.

검출기는 HPLC 시스템 구성 요소인 컴퓨터 데이터 스테이션에 연결된다. 여기서 디스플레이에 크로마토그램을 생성하고 샘플 성분의 농도를 식별 및 정량화하는 데 필요한 전기 신호를 기록한다.

샘플 화합물의 특성은 매우 상이하기 때문에 여러 유형의 검출기가 개발되었다.

예를 들어, 화합물이 자외선을 흡수할 수 있는 경우 UV 흡광도 검출기가 사용된다. 화합물이 형광을 나타내면 형광 검출기가 사용된다. 화합물에 이러한 특성이 모두 없는 경우 증기화 광산란 검출기(ELSD)와 같은 보다 보편적인 검출기가 사용된다. 가장 강력한 방식은 여러 검출기를 직렬로 사용하는 것이다.

생성된 전기 신호는 컴퓨터 데이터 스테이션으로 전송된다. 크로마토그램은 샘플이 처음 주입될 때 시작되고 화면 하단 근처에 설정된 직선으로 시작된다. 이것을 베이스라인이라고 한다. 크로마토그램은 HPLC 시스템에서 발생한 화학적 분리를 그래픽으로 표현한 것이다. 시간 축을 따라 기준선에서 상승하는 일련의 피크를 보여주는데 각 피크는 다른 화합물에 대한 검출기 반응에 해당한다.

3. 기체크로마토그래피 질량분석기 (Gas Chromatography Mass, GC-Ms)

기체크로마토그래피/질량 분석기(GC/MS)는 두 가지 분석 도구를 결합하여 식품, 소비재, 의약품, 연료, 환경 등에서 발견되는 화학 물질의 농도를 식별하고 측정한다.

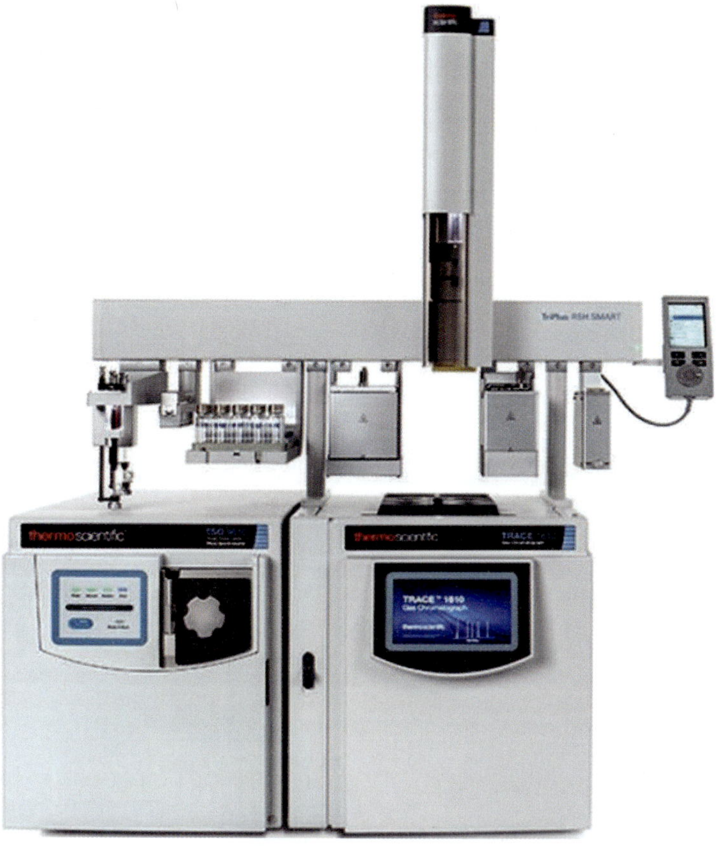

그림 7-15 GC-MS

출처: https://www.thermofisher.com

1) 기체크로마토그래피 질량분석기의 원리 및 구성

GC-Ms는 전자충격에 의한 이온화(Electron Impact Ionization, EI)와 화학적 이온화(Chemical Ionization, CI) 등 두 가지 이온화 방식이 가능하다. 휘발성 물질은 시료주입구에서 기화하여 기체크로마토그래프(GC) 컬럼을 통해 EI 나 CI 이온화원(Ion Source)으로 유입되어 이온화된다. 이온들은 전체 길이 1.2m를 여행하게 되며 양이온 또는 음이온이 검출되게 된다.

질량 분석기(MS)는 GC에서 분리된 증발된 화합물을 식별하고 측정하는 검출기이다. GC가 머무름 시간과 피크 강도 정보를 제공하는 반면, 질량 분석기는 질량 정보라는 세 번째 차원을 추가한다. 질량 정보는 분자의 구조적 및 화학적 특성을 식별, 정량 및 측정하는 데 사용할 수 있다.

질량 분석기에서 화학물질이 접촉하는 첫 번째 구성 요소를 이온화원이라고 하며, 여기서 GC 컬럼에서 용리되는 중성 분자가 이온화된다. 보통의 이온화원은 일반적으로 전구의 필라멘트와 유사한 금속 필라멘트를 포함하는 전자 이온화(EI) 소스이다. 필라멘트에 전하를 가하면 들어오는 화합물에 전자 스트림을 방출하여 대부분 양전하를 띠는 조각으로 분해한다. 이렇게 생성된 조각의 패턴은 화학물질을 식별하는 데 사용할 수 있는 매우 특이적인 '지문' 역할을 한다.

이온화원 내에서 렌즈라고 알려진 일련의 전극은 전하를 띈 분자를 소스에서 quadrupole 질량 분석기(또는 질량 필터)로 향하게 한다. Quadrupole는 직류 전압과 무선 주파수가 적용되는 4개의 로드(rod)로 구성된다. 이러한 힘의 다양한 조합을 통해 특정 질량(질량 대 전하비 또는 m/z라고 함)의 조각만 주어진 시간에 quadrupole의 전기장을 따라 검출기를 향해 이동하도록 한다.

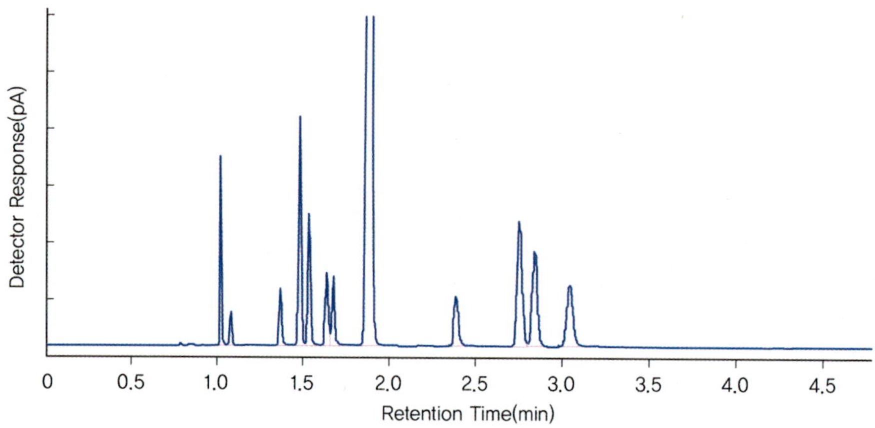

그림 7-16 GC-MS의 크로마토그램

질량 분석기는 다양한 전압을 빠르게 순환하며 다양한 m/z 비를 측정한다. 기기를 통과하는 이온은 전자 증배관이라는 검출기를 통해 측정되며, 이 검출기는 존재하는 각 이온 종의 신호 강도를 제공한다. 실험의 각 시점에 기록된 데이터를 질량 스펙트럼이라고 한다. 이 질량 스펙트럼의 패턴은 지문과 마찬가지로 식별 목적으로 사용될 수 있다. 다양한 이온 종에 대해 기록된 반응은 정량적 목적으로 검량할 수 있다.

2) 기체크로마토그래피 질량분석기의 적용분야

기체크로마토그래피(GC)는 농약, 스테로이드, 지방산 및 호르몬과 더불어 탄화수소, 알코올 및 방향족 화합물과 같은 작은 휘발성 및 준휘발성 유기 분자의 분리를 위해 우선적으로 선택되는 기술로서, 식품 안전, 환경 검사 등의 다양한 애플리케이션과 산업 분야에서 광범위하게 사용되고 있다. 이 기술과 질량분석법(MS)의 검출 성능을 결합한 GC-MS는 복잡한 혼합물 분리, 분석물 정량화, 미확인 피크 식별, 미량 수준 오염물 확인 등에 활용할 수 있다.

GC-MS는 액체, 기체 또는 고체 시료 연구에 사용된다. 분석은 기체크로마토그래피를 사용하여 시작되며, 여기서 시료를 기체상으로 효과적으로 증발시킨 후 고정상(액체 또는 고체)으로 코팅된 캐필러리(capillary) 컬럼을 사용하여 여러 성분으로 분리하게 된다. 화합물은 헬륨, 수소 또는 질소 등의 불활성 캐리어 기체에 의해 추진된다. 혼합물의 성분이 분리되면 각 화합물은 끓는점과 극성을 바탕으로 서로 다른 시간에 컬럼에서 용리된다. 용리 시간을 화합물의 머무름 시간(retention time)이라고 한다. GC는 수백 개 화합물을 함유한 복잡한 혼합물이나 시료 추출물을 분해하는 기능이 있다.

화합물이 GC 컬럼에서 빠져나오면 전자 또는 화학적 이온화 소스를 사용하는 질량분석기를 통해 이온화되거나 단편화된다. 복잡한 시료를 GC-MS로 분리할 경우 기체 크로마토그램에서 서로 다른 많은 피크 수치가 산출되며 각 피크는 화합물 식별에 사용되는 고유한 질량 스펙트럼을 생성한다. 상용화된 광범위한 질량 스펙트럼 라이브러리를 사용하여 미확인 화합물과 표적 분석물을 식별하고 정량화할 수 있다.

GC-Ms는 다음과 같은 다양한 분석에 사용할 수 있다.

- 환경유래 유해물질 잔류조사(Environmental Monitoring)
- 천연물분석(Natural Products Analysis)
- 복합물질분석(Complex Mixture Analysis)
- 약물검사(Drugs of Abuse)
- 신약개발(Drug Discovery)
- 합성물질확인(Synthesis Confirmation)
- 석유화학제품분석(Petrochemicals Identification)
- 제품불량검사(Products non-conformance)
- 원소분석(Elemental Confirmation)

4. 액체크로마토그래피 질량분석기 (Liquid Chromatography Mass, LC-Ms)

액체크로마토그래피/질량 분석기(LC/MS)는 액체크로마토그래피의 물리적 분리 기능과 질량 분석 기능을 결합한 분석 화학 기술이다.

1) 액체크로마토그래피 질량분석기의 원리 및 구성

LC-MS는 이온을 생성할 수 있는 기기이므로 기체 상태의 이온을 질량 대 전하 비율에 따라 분리하여 검출하는 장비이다.

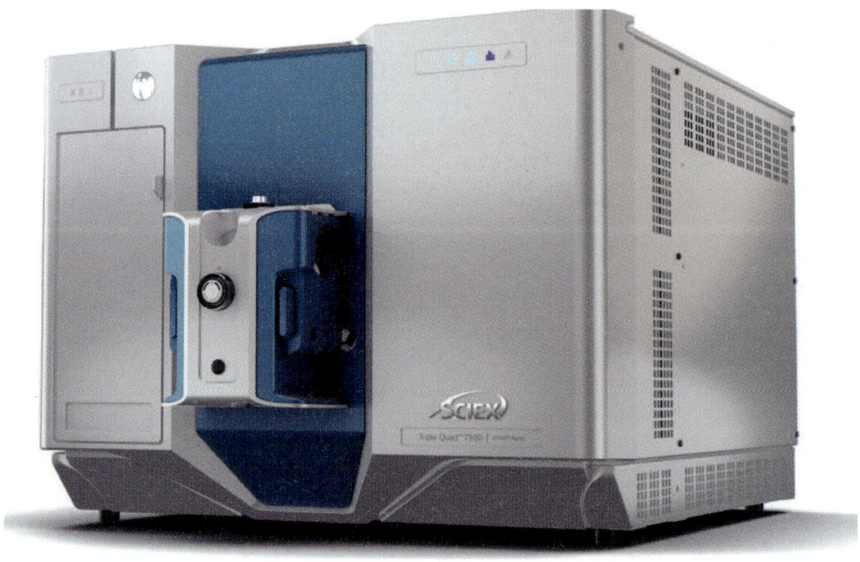

그림 7-17 LC-MS

출처: https://www.bioanalysis-zone.com

LC/MS는 액체크로마토그래피를 분리 시스템으로 사용하고 질량 분석기를 검출 시스템으로 사용하므로 액체크로마토그래피의 높은 분리와 질량 분석의 고감도 특성을 모두 가지고 있다.

(1) LC-MS의 작동 원리

샘플이 액체크로마토그래피로 분리된 후 각 구성 요소는 차례로 질량 분석기 검출기에 들어가고 각 구성 요소는 이온 소스에서 이온화되어 특정 전하와 다른 질량수를 가진 이온을 생성한다. 이온은 이온 소스에서 이온화되어 전하와 질량수가 다른 이온을 생성한다. 이온은 질량 대 전하 비율(m/z)에 따라 질량 분석기에 의해 분리되며 질량 대 전하 비율의 순서로 질량 스펙트럼을 얻는다. 질량 스펙트럼의 분석 처리를 통해 샘플의 정성적 및 정량적 결과를 얻을 수 있다.

(2) LC-MS의 조성

액체크로마토그래피-질량분석법 분석은 크게 HPLC(고성능 액체크로마토그래피) 시스템과 MS(질량분석법) 시스템으로 구성된다. HPLC 시스템은 혼합물의 효율적인 분리, 다량의 기체를 생성하기 위한 이동상의 휘발, 대기 입구 압력, 질량 제한 없음 및 완충된 염 용액을 사용할 수 있는 능력을 허용한다. 반면에 MS 시스템은 작동하기 위해 고진공 조건이 필요하며 MS 시스템은 질량 분석 시스템과 동일하며 휘발성 버퍼로 가장 잘 작동된다.

LC-MS 장비에서, HPLC 시스템 MS 시스템은 완전한 질량 스펙트럼을 얻는 데 중요한 역할을 한다. 먼저 HPLC 시스템은 LC 인터페이스를 통해 이온 소스 시스템을 시작하여 이온빔을 집속시킨 다음 이온 빔을 집속시키고 MZ 분석기를 통해 시료를 분석한 후 검출기로 전달한다.

2) LC-MS 사용의 장점

넓은 분석 범위가 장점이다. MS는 거의 모든 화합물을 검출할 수 있어 열적으로 불안정한 화합물을 비교적 쉽게 분석할 수 있는 문제를 해결할 수 있다.

크로마토그램에서 분석 혼합물이 완전히 분리되지 않더라도 강한 분리능 이온 질량 MS의 크로마토그램은 정성적 및 정량적 목적을 위해 각각의 크로마토그램을 제공할 수 있다.

정성 분석 결과는 신뢰할 수 있으며 각 성분의 분자량과 풍부한 구조 정보를 동시에 제공할 수 있다.

검출 한계는 낮고 MS는 감도가 높으며 선택 이온(SIM) 검출을 통해 검출 능력을 높일 수 있다.

빠른 분석 시간이다, LC-MS에 사용되는 액체크로마토그래피 컬럼은 직경이 좁은 컬럼으로 분석 시간을 단축하고 분리 효과를 향상시킨다.

LC-MS는 고도로 자동화되어 있다.

3) LC-MS 사용의 측정분야

생명과학, 분석화학, 약학, 환경공학, 기초과학, 법의학 등 다양한 연구 분야에 이용될 수 있으며 특히 미량물질의 분석에 탁월한 감도와 정량성을 갖고 있어, 액체질량분석기는 혈액, 소변 시료 중의 유해물질이나 잔류농약, 항생제 같은 동시 다성분 분석 응용 분야에 많이 사용된다.

Chapter

08

무기물질분석법

Chapter 08

무기물질분석법

1. 유도결합 플라스마 질량분석법 (Induced Coupled Plasma Mass, ICP Ms)

ICP-MS는 유도결합 플라스마에 의하여 이온화된 시료가 전기장과 자기장을 통과하면서 질량 대 전하 비에 따라 분리된 이온을 검출하는 분석장비이다. ICP-MS의 분석단위는 μg/L(=ppb)로, 극미량의 원소를 한 번에 빠르게 정량분석을 할 수 있다.

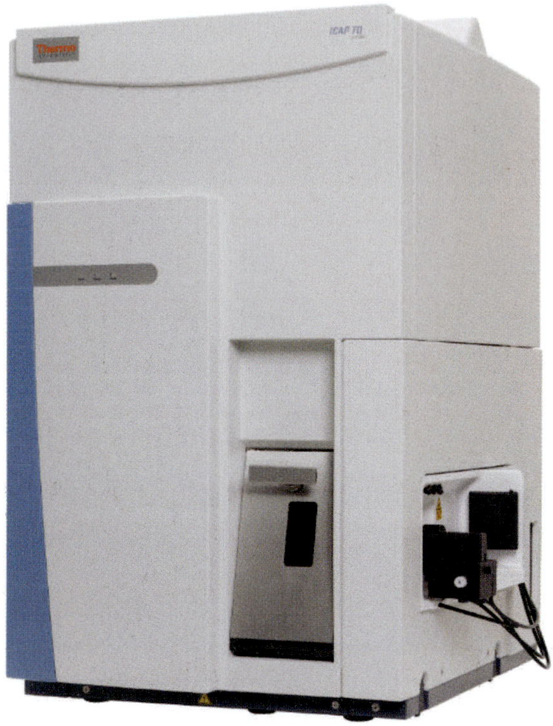

그림 8-1 ICP-MS

출처: https://www.biospectrumasia.com

1) ICP-MS 분석 원리

시료는 플라스마를 만나 이온화가 진행된다. 이 이온화된 원소는 사중극자 시스템에서 사중극자의 RF(Radio Frequency) 및 DC(Direct Frequency) 전압이 각각 가해지면, 전자기장이 이온 빔과 상호 작용하고 특정 질량의 이온만 주어진 전압에서 사중극자를 통해 안정적인 궤적을 갖는다. 이때, 한 번에 하나의 특정 이온의 질량이 수집되고 나머지는 손실되어 질량별로 원소를 정성 및 정량분석하게 된다. 우리 주위의 모든 것은 원소의 다양한 조합으로 만들어져 있다. 분석가들은 원소 조합을 밝혀야

할 때, 보통 유도 결합 플라스마 질량 분석(ICP-MS, 또는 ICP Mass Spec)이라 불리는 기법을 사용한다. ICP-MS는 원소 분석 기법이며, 이는 이 기법이 분자 및 화합물을 측정하는 LC/MS 및 GC/MS와 달리 원소를 측정하는 방법이라는 뜻이다.

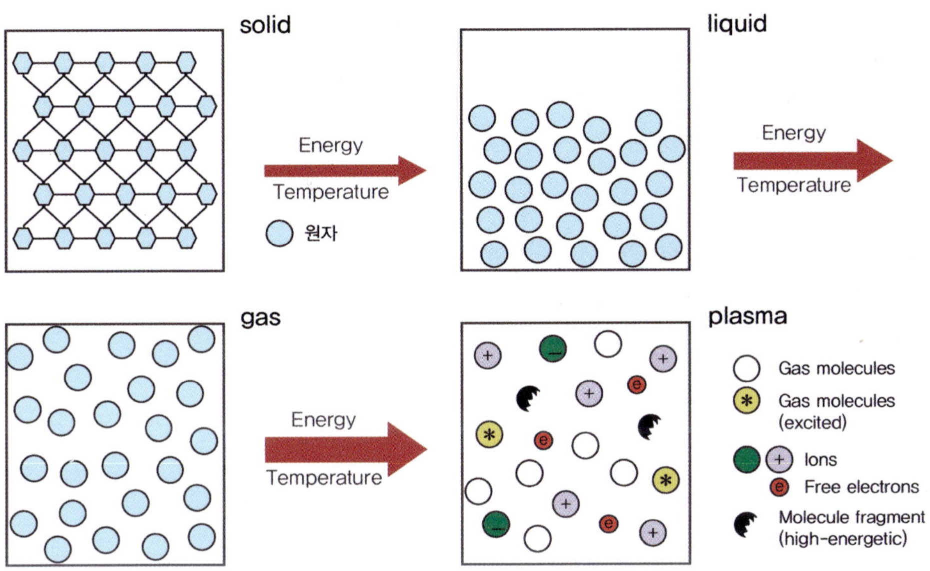

그림 8-2 물질의 4가지 상태(solid, liquid, gas, plasma)
출처: https://m.chemworld.kr/contents/view/4967

2) ICP-Ms의 측정분야

ICP-MS 분석은 일상적인 환경 모니터링, 소비재 테스트, 식품 및 의약품 안전 응용 분야에서부터 생명 과학 및 임상 연구, 광업 및 금속 분석, 지질화학, 핵, 석유화학, 반도체 제조 분야에서의 고순도 화학물질 및 재료 내 극미량 금속 오염물질 측정 등에 이르기까지 거의 모든 분야에 망라하여 사용되고 있다.

3) ICP-Ms의 구성

ICP-MS는 아르곤 플라스마(Ar-based ICP)를 사용하여 시료를 이온으로 변환한 후, 질량 분석기를 사용하여 이온을 측정한다. ICP-MS는 유도 결합 플라스마-광방출 분광법(ICP-OES)과 유사하나, ICP-OES가 광학 분광기를 사용해 플라스마를 통과한 이온에서 방출되는 빛을 측정하는 데 반해, ICP-MS는 이온을 직접 측정한다. 두 기법 모두 시료 내 다양한 원소를 빠르게 분석하지만, ICP-MS는 ICP-OES에 비해 훨씬 낮은 검출 한계를 나타내므로 극미량 원소 분석에 더 좋은 선택이 된다.

ICP-MS 기기는 이온화원(ICP), 질량 분석기(MS), 보통 스캔을 하는 사중극자 질량 필터, 검출기로 구성되어 있다. ICP는 대기압 상태에 있고 MS와 검출기는 진공 챔버 내에서 작동되므로, ICP-MS는 진공 펌프, 진공 인터페이스를 비롯해 시스템을 통과하는 이온을 포커싱시키는 일부 정전기적 이온 "렌즈"도 필요로 한다. 현대적인 ICP-MP 시스템은 보통 스펙트럼 간섭을 해결할 수 있는 장치나 메커니즘 또한 탑재하고 있다.

ICP-MS는 보통 액체(ex. 물) 또는 용해 가능한 형태의 시료, 또는 산으로 분해되어 액체 형태가 된 시료를 분석하는 데 사용된다. 그러나 ICP-MS는 매우 유연하여 유기 용매를 쉽게 측정할 수 있으며, 매우 작은 나노 입자도 검출할 수 있다. 또는 액세서리와 연결하여 고체 물질이나 기체를 직접 분석할 수도 있다. ICP-MS는 또한 HPLC, IC, GC, CE, Field Flow Fractionation(FFF)과 같은 크로마토그래피 분리 기기와 연결하여 시료의 다양한 화학적 조성 또는 시료 내 각 원소의 "종"에 대한 정보를 제공할 수 있다. 그리고 ICP-MS는 질량 분석 기법으로서 원소의 각 동위원소를 분리하고 측정할 수도 있으므로, 동위원소 구성 또는 구성비를 밝혀야 하는 응용에 사용될 수 있다.

4) ICP-Ms의 특징

ICP-MS는 자연적으로 발생하는 거의 모든 원소와 테크네튬, 넵투늄, 플루토늄, 아메리슘과 같은 비자연적인 “방사성” 동위원소를 상당수 측정할 수 있다. ICP-MS가 측정할 수 없는 유일한 원소는 (질량 분석기의 질량 범위보다 낮은) H 및 He, (플라스마 및 공기보다 높은 농도로 존재하는) Ar, N 및 O, (아르곤 플라스마에서 이온화할 수 없는) F 및 N이다. ICP-MS는 빠르고 감도 높은 원소 분석 기법으로 거의 모든 자연적으로 발생하는 원소를 비롯해 많은 인공 방사성 원소도 측정할 수 있다.

ICP-MS가 널리 사용되는 이유 중 하나는 이 기법이 측정 가능한 한 거의 모든 원소에 대해 매우 낮은 검출 한계를 나타낸다는 것이다. ICP-MS는 많은 원소를 0.1ppt 미만의 농도에서 측정할 수 있으며, 이는 200개의 올림픽 규모의 수영장(500만 L)에서 물 한 방울(50uL)에 해당하는 농도이다. 그러나 ICP-MS는 또한 100ppm 또는 심지어 1,000ppm의 농도까지도 측정이 가능하다. 1,000ppm은 0.1%이며, 0.1ppt에서 0.1%까지의 농도 범위는 무려 10의 10제곱 수준이다. 이 정도로 넓은 검출 범위를 지니면서 다양한 원소를 검출할 수 있고, 낮은 검출 한계를 가지는 다른 기법은 없다.

참고문헌

개의 X-ray 사진:

https://www.istockphoto.com/kr/%EC%9D%B4%EB%AF%B8%EC%A7%80/dog-xray

고속 원심분리기: https://pkmedical.co.kr/product/ea7ace0b-8631-48e4-a2ed-102440f074ec

고압증기 멸균기: https://atozlab.co.kr/shop_view/?idx=502#prod_detail_detail

기체크로마토그래피: https://www.guiyisci.net/product/trace-1610-series-gas-chromatographs/

기체크로마토그래피로 얻은 크로마토그램:

https://www.waterjournal.co.kr/news/articleView.html?idxno=17044

기체크로마토그래피의 구성: https://chatgpt.com/c/679e1940-2afc-800f-8a53-0fc89916d5d2

뇨비중 측정용 굴절계:

https://korean.alibaba.com/product-detail/0-50-brix-portable-refractometer-digital-60665116762.html

단백질 전기영동 결과:

https://www.sigmaaldrich.com/KR/ko/technical-documents/technical-article/protein-biology/western-blotting/mpagegels

데시케이터:

https://labcampus.com/product/%EC%9C%A0%EB%A6%AC-%EB%8D%B0%EC%8B%9C%EC%BC%80%EC%9D%B4%ED%84%B0-%EC%A4%91%ED%98%95%EC%9B%90%ED%8F%AC%ED%95%A8-%ED%88%AC%EB%AA%85-%EA%B0%88%EC%83%89/61001

마이크로 피펫, 멀티 피펫 및 스탠드: https://ko.aliexpress.com/i/1005004222580268.html

마이크로플레이트 리더:

https://www.fishersci.pt/shop/products/multiskan-fc-microplate-photometer-8/p-4530543-principle-strengths-and-limitations-and-applications-349865

멸균확인 테이프: https://bnfkorea.net/product/detail.html?cate_no=693&product_no=3962

부피 플라스크: https://www.allforlab.com/pdt/PDNN18091000005?keywords=

분액 깔때기:

https://glasscolabs.in/product/funnel-separating-pear-iso-shape-with-ptfe-stopcock-pe-stopper/

뷰렛:

https://www.joylab.net/shop/item.php?it_id=0009_00003&n_media=27758&n_query=%EB%B7%B0%EB%A0%9B&n_rank=2&n_ad_group=grp-a001-01-000000049137151&n_ad=nad-a001-01-000000369379727&n_keyword_id=nkw-a001-01-000007002588933&n_keyword=%EB%B7%B0%EB%A0%9B&n_campaign_type=1&n_ad_group_type=1&n_match=1&NaPm=ct%3Dm9we1yoo%7Cci%3D0zu0001l9uHCgkXSCKYU%7Ctr%3Dsa%7Chk%3D94e06d59b773bf40ca959a8e61d35b7c52f54fc0%7Cnacn%3DQWYFBgg7IfFmA

상용화 ELISA 키트:

https://www.thermofisher.com/elisa/product/SARS-CoV-2-Neutralizing-Ab-ELISA-Kit/BMS2326

상용화된 real-time PCR 시약: https://www.seegene.co.kr/assays/allplex_sars_cov_2_assay#

액체크로마토그래피 시스템 기본 구성도 및 모식도:

https://www.waters.com/nextgen/kr/ko/education/primers/preparative-liquid-chromatography-primer.html

액체크로마토그래피:

https://korean.alibaba.com/product-detail/High-performance-liquid-chromatography-system-laboratory-1601195741089.html

액체크로마토그래피의 수동 시료주입기:

https://www.agilent.com/ko-kr/product/liquid-chromatography/hplc-supplies-accessories/valves-manual-injectors-for-hplc/manual-injection-valves-supplies-for-hplc

액체크로마토그래피의 작동순서:

https://jungbumoney.com/entry/HPLC-%EC%9B%90%EB%A6%AC

여과용 플라스크: https://shsigma.co.kr/shop/PDNN18091000004?device=pc

일반 원심분리기: https://hanilsme.kr/?utm_source=chatgpt.com

자기공명영상(MRI) 장치: http://www.haemaru.co.kr/kr/radiology/center.php

자외선 소독기:

https://www.amazon.com/LETORS-Cleaning-Machine-Capacity-Supplies/dp/B08GQYB892

전기영동 장치:

https://www.biolet.kr/mini-slab-%EC%A0%84%EA%B8%B0%EC%98%81%EB%8F%99%EC%9E%A5%EC%B9%98/

전기영동의 원리:

https://www.attokorea.co.kr/principles-and-method-of-the-2-dimensional-electrophoresis/

주름진 깔때기:

https://www.pccarx.com/products/FUNNEL,-8-OZ-GLASS-RIBBED/35-1209/DEVICES

초원심분리기:

https://korean.prpcentrifuges.com/sale-13821419-benchtop-high-speed-refrigerated-centrifuge-ultraspeed-centrifuge-machine.html

초음파 진단기: https://www.fnnews.com/news/201908270931027789

초음파 진단기: https://www.medigatenews.com/news/3610989446

초음파세척기: https://www.seilglobal.co.kr/m/product.html?branduid=11360

컴퓨터단층촬영(CT) 장치: https://www.24onnuri.com/video-center/ct/

혈구검사(수동 / 자동):

http://www.medicalsk.com/default/business/business_023.php?topmenu=2&left=23

혈액 교반기: https://www.yjcorp.co.kr/ddproduct/tube_roller/product_mx_t6.php

Chemical balance: https://labstore.co.kr/shop/item.php?it_id=PDNN24052800015

CO_2 incubator:

https://thermobid.com/shop/thermo-scientific-forma-series-2-water-jacketed-co2-incubator-3131/

Conical tube: https://www.ispl.co.kr/m21.php?cate=4&idx=330 /

https://www.welgene.com/en/products/15-mi-centrifuge-tubes-pl002-15

Culture dish의 종류: https://www.ispl.co.kr/m21.php?cate=1&idx=245

ELISA 플레이트에 기질시약 반응결과:

https://commons.wikimedia.org/wiki/File:ELISA_Plate_image.jpg

GC-MS:

https://www.thermofisher.com/kr/ko/home/industrial/mass-spectrometry/mass-spectrometry-learning-center/gas-chromatography-mass-spectrometry-gc-ms-information.html

GC-MS의 크로마토그램:

https://www.agilent.com/ko-kr/product/gas-chromatography/what-is-gas-chromatography

Hemacytometer:

https://www.amazon.com/Counting-Chamber%EF%BC%8CImproved-Neubauer-Hemocytometer-Bright/dp/B0BJPPN8H7

ICP-MS:

https://www.biospectrumasia.com/news/28/8754/new-triple-quadrupole-icp-ms-launched-by-thermo-fisher.html

LC-MS:

https://www.bioanalysis-zone.com/products/the-sciex-triple-quad-7500-lc-msms-system-qtrap-ready_spotl_lcms_discovery_sciex/

pH meter 완충용액: https://m.dargyo.com/product/ph-buffer-solution/489/

pH meter:
https://www.cas.co.kr/integration/read.jsp?reqPageNo=1&code=20200626bde35e7b1a&no=290

real-time PCR Ct 값 결과 그래프: https://www.gene-quantification.de/real-time-pcr-handbook-life-technologies-update-flr.pdf

real-Time PCR 장비:
https://www.bio-rad.com/ko-kr/product/cfx96-touch-deep-well-real-time-pcr-detection-system?ID=LZJTUJ15

RNA 추출키트:
https://www.qiagen.com/us/products/discovery-and-translational-research/dna-rna-purification/rna-purification/total-rna/rneasy-kits

Serological(Measuring) Pipettes: https://www.spllifesciences.com/en/m21.php?cate=4&idx=220

Spinbar®:
https://www.sigmaaldrich.com/KR/ko/product/aldrich/z420220?utm_source=google&utm_medium=cpc&utm_id=21533934891&utm_campaign=%7Bcampaignname%7D&utm_content=&gad_source=1&gad_campaignid=21544156300&gbraid=0AAAAAD8kLQTqktWk7N6NZAlF-jlp9W42i&gclid=EAIaIQobChMIt8rv5dmzjQMVDOgWBR1pIwv8EAQYAiABEgKKnvD_BwE

Vortexer:
https://freeship.co.kr/goods/content.asp?guid=2098461&cate=57549&sitecate=office&freeship_ep=naver_ep

X-ray 기기: https://gangnamsamsungos.modoo.at/?link=5am0w3ms

X-ray 기기: https://kr.made-in-china.com/co_darppon/

저자소개

■ 김옥진

서울대학교 수의학과/수의학박사
前 미국 농무부(USDA) 동물질병연구소 해외과학자
前 대한수의학회 부회장, 동물보건사 위원장
現 한국동물매개심리치료학회 회장
現 원광대학교 동물보건학과 교수

■ 유광수

미네소타주립대학교 수의과대학 수의학박사
前 전북대학교 인수공통전염병연구소 수의연구관
前 대한인수공통감염병학회 이사
現 원광대학교 동물보건학과 조교수
現 (사)한국동물보건사대학교육협회 회원

■ 이현아

원광대학교 대학원 동물응용과학과/농학박사
前 한국한의학연구원 박사후연구원
前 원광대학교 보건보완의학대학원 초빙교수
現 한국동물매개심리치료학회 상임이사
現 원광대학교 반려동물산업학과 조교수

■ 정연수

서울대학교 수의과대학 수의학박사(수의병인생물학 및 예방수의학 전공)
前 SK바이오팜(주) 동물실 관리자/전임수의사
現 경복대학교 의료보건학부 반려동물보건과 조교수
現 한국동물매개심리치료학회 상임이사
現 남양주시 동물복지위원회 위원

■ 함희진

서울대학교 수의과대학 및 동대학원/수의학석사
강원대학교 수의과대학 대학원/수의학박사
前 서울시보건환경연구원25년 근무, 질병연구 등
現 한국동물매개심리치료학회 상임이사
現 호서대학교 동물보건복지학과 교수

동물보건의료기기학

초판 1쇄 인쇄 / 2025년 7월 21일
초판 1쇄 발행 / 2025년 7월 25일

공저자 / 김옥진 · 유광수 · 이현아 · 정연수 · 함희진
발행인 / 이 중 수
발행처 / **동 문 사**

서울특별시 서대문구 홍제원 1길 12
(홍제동 137-8)
Tel : 02)736-3718(대), 736-3710, 3720
Fax : 02)736-3719

등록번호 : 1974.04.27. 제9-17호
가격 : 23,000원

ISBN : 979-11-6328-688-2 (93520)
E-mail : dong736@naver.com
www.dongmunsa.com